探索城市之现代建筑：

一本书读懂现代建筑

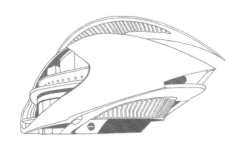

[美] 威尔·琼斯（Will Jones） 编

大观汉化组

郭婧舒　赵婧柔　迟冰钰　方蕴涵　姜悦宁　王苇婧　译

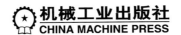

机械工业出版社

CHINA MACHINE PRESS

本书是理解现代建筑不可或缺的袖珍指南。它向人们展示了：现代历史如何通过砖块、混凝土、钢铁和玻璃呈现，以及现代建筑如何象征着这150多年来的创新和灵感。

　　本书向读者全面展示了如何解读建筑风格，以及如何在建筑中识别这些风格。同时，还将带领读者浏览现代建筑中具有代表性且重要的建筑。从装饰艺术风格到工艺美术运动，从国际风格、现代主义到当代各种潮流的兴衰，本书探索并解释了主要的现代主义设计运动。通过本书中的案例，可以探究每种建筑类型和风格的关键元素和细节，告诉读者在解读现代建筑时应注意什么，以及在哪寻找这些关注点。

　　这是一本有趣的建筑史，也是一本高效的自学指南，任何对现代设计和现代建筑感兴趣的人都应该读一读。

此版本仅限在中国大陆地区（不包括香港、澳门特别行政区及台湾地区）销售。

北京市版权局著作权合同登记　图字：01-2018-7043。

图书在版编目（CIP）数据

探索城市之现代建筑：一本书读懂现代建筑/（美）威尔·琼斯（Will Jones）编；大观汉化组译.—北京：机械工业出版社，2020.10
（城市设计速成课）
书名原文：How to Read Modern Buildings：A Crash Course in the Architecture of the Modern Era
ISBN 978-7-111-66094-1

Ⅰ.①探… Ⅱ.①威…②大… Ⅲ.①建筑艺术史—世界—现代 Ⅳ.①TU-091.15

中国版本图书馆CIP数据核字（2020）第124764号

机械工业出版社（北京市百万庄大街22号　邮政编码100037）
策划编辑：关正美　责任编辑：关正美　于兆清
责任校对：张莎莎　封面设计：马精明
责任印制：张　博
北京华联印刷有限公司印刷
2022年6月第1版第1次印刷
136mm×165mm·12.4印张·223千字
标准书号：ISBN 978-7-111-66094-1
定价：79.00元

电话服务　　　　　　　　　　网络服务
客服电话：010-88361066　　　机　工　官　网：www.cmpbook.com
　　　　　010-88379833　　　机　工　官　博：weibo.com/cmp1952
　　　　　010-68326294　　　金　书　网：www.golden-book.com
封底无防伪标均为盗版　　　机工教育服务网：www.cmpedu.com

探索城市之现代建筑：
一本书读懂现代建筑

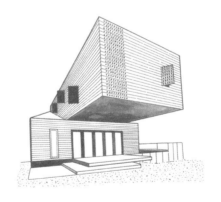

目录 | CONTENTS

导读

新古典主义

　　中央火车站（Grand Central Station, 1903—1913 年）看起来像是一座古典建筑。它的设计风格受到了 18 世纪和 19 世纪法国布扎体系（Beaux Arts）的深刻影响。车站于 1913 年落成。此后，这种风格一度风靡全美国。

白墙壁、平屋顶、玻璃幕墙包裹的摩天大楼——它们常被人们视为现代主义建筑元素（Modernist）。实际上，现代建筑远远不止这些。在建筑领域，现代时期横跨整个20世纪及21世纪早期，囊括许多风格与流派。在所有建筑时期中，它涵盖的风格流派种类最多。这一时期里，有用新工业技术再现古典形式的新文艺复兴建筑风格（Renaissance Revival），有魅力迷人的装饰艺术风格（Art Deco），有粗犷激烈的粗野主义（Brutalism），还有怪异诡谲的先锋派（Avant Garde），等等。

多种原因共同促成了现代建筑快速发展。经济萧条和战争给许多国家施加的社会和政治理念影响了建筑；随着人们更加了解自身活动对地球的影响，环境方面的问题也越发得到重视。同时，导致建筑迅速演化的最重要原因是材料科技、建造方法以及建筑学革新中取得的巨大进步。在一百多年的时间里，建筑支撑结构从以使用木材石材为主，发展到使用钢、钢筋和预应力混凝土、张拉膜、玻璃幕墙甚至塑料等材料。在设计师和建造者面前，一个充满可能性的新世界向他们敞开大门，丰富多彩、各具特色的多种风格由此诞生。

本书主要介绍这些建筑风格与建造技术，并通过我们眼下最常见的各类建筑来进一步探讨，比如我们居住的住宅和高耸的摩天大楼。此外，本书会阐明一系列现代派理念如何影响每种类型建筑。我们会揭示建筑设计的里程碑、地标和旅行休闲大时代被守护得最好的秘密；会深入探究宗教建筑、工业建筑和教育建筑；还会告诉大家如何识别一座建筑是哪个流派的。

本书将成为读者了解自己周边建筑环境的口袋指南，同时也是一堂现代建筑速成课。不同风格的建筑赋予了人们生活、工作、娱乐场所各自的特性，就让我们来进一步了解这些建筑吧。

内外颠倒的建筑

位于伦敦的劳埃德大厦（Lloyds Building，1978—1986 年）代表了高技派建筑的最高水平。这栋理查德·罗杰斯（Richard Rogers）设计的建筑由钢铁和玻璃建造，机械辅助设备置于外部，在世人面前呈现出钢铁与混凝土组成的巨型结构。

寻找线索

　　分辨一座建筑属于什么风格往往不是一件容易的事。尽管有些建筑的设计过程严格遵守某一种原则，但其实大多数建筑都受到了多种风格的影响。不过，所有住宅、办公楼和火车站都有它深扎于某处的建筑学根基，一双训练有素的眼睛可以发现这些泄露机密、大小各异的线索。以下面两个建筑为例：菲利普·约翰逊玻璃住宅（Philip Johnson's Glass House）是非常严格的现代主义建筑；对比之下，莫斯住宅（Mosse House）立面上则包含古典建筑和装饰艺术风格（Art Deco）的元素。

重新装饰

　　埃里希·门德尔松（Erich Mendelsohn）设计的柏林莫斯住宅（Mosse House，1921—1923年）创新地把古典石材立面（位于两侧）和一顶装饰艺术风格的"冠冕"结合起来。弧形的带形玻璃窗，以及建筑顶部几层外边缘的水平条带、翼状装饰，这些都是装饰艺术风格（Art Deco）的标志。

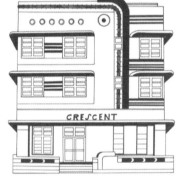

传承与变异

　　迈阿密海滩上的新月度假酒店（Crescent Resort Hotel，1938年）完美展现了不对称设计在装饰艺术风格（Art Deco）中的应用。正立面上应用了古典的装饰元素和色彩，这些元素在这个有趣又独特的设计中起了很大作用。

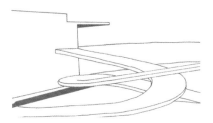

经典的急转弯

伦敦动物园企鹅池（The Penguin Pool at London Zoo，1934 年）由贝特洛·莱伯金（Berthold Lubetkin）设计。它的材料仅用到了混凝土，形式富有趣味，这种特点表明了这是一个早期现代主义（Early Modernism）设计。这些悬空的弯曲坡道在工程学上十分复杂精巧。现在，这座企鹅池已经被列为文化遗产。

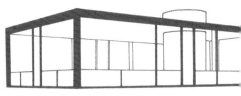

现代制造

菲利普·约翰逊玻璃住宅（Philip Johnson's Glass House，1949 年）遵循严格的设计原则，宣告自己是新时代中诞生的建筑。使用玻璃与钢铁，罕有其他材料；没有不必要的装饰；严格的长方形体量——这些现代主义的立足根基，都在这个简洁而美丽的设计中呈现出来。

重定义范式

这座克罗地亚住宅（Croatian house，2012 年）由 AVP Architekti 事务所与 SANGRAD 事务所（AVP Architekti + SANGRAD）设计。它重新定义了住宅设计的范式，该设计把坡屋顶住宅原型放在了一个现代主义白盒子上方，结果形成了一种既易于理解又富有挑战性的结合体。

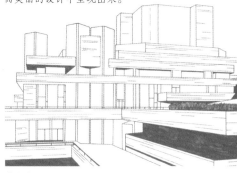

走向粗犷

伦敦皇家国家大剧院（Royal National Theatre，1969—1976 年）是粗野主义建筑（Brutal architecture）的一个例子。这个派别之所以称为这个名字不是因为它的设计表面看起来特别粗犷，而是来源于主体建筑材料的法语的称谓 béton brut，也就是"原始的混凝土（raw concrete）"的意思。于是这个材料的名称也用来指代这个设计流派。

风格的语法

简介

现代主义偶像

勒·柯布西耶（Le Corbusier）设计的萨伏伊别墅（Villa Savoye，1928—1931 年）大概是全世界最著名的现代主义住宅之一了。它代表了 20 世纪中期建筑的特点。尽管与传统住宅相比，它的形式显得非常奇特，但是其在各个方面都是根据功能来考虑的。

在现代建筑中，建筑风格是个重要议题，因为这一时期的建筑仿佛从一种风格到另一种风格不断变幻并无缝连接。建筑理念与哲学的这种快速变化，使建筑师们更加倾向于混杂和组合不同风格，以实现"完美"的建筑设计。即便如此，一名建筑师通常还是受一个特定流派的教育，而这一流派的原则会在他的每一个设计中非常明显地表现出来。在一座建筑的生成过程中，建筑师需要做许多个决定。我们的目标是逐渐理解每个决定背后的思路，从而破译建筑的风格语法，以及那些砖块、灰泥、钢铁或石头背后的意义。

在本书第一部分，我们将浏览 20 世纪的主要建筑流派，按照它们在建筑领域中占据主舞台的时间顺序来研究它们。一开始，我们将关注即将登场的新文艺复兴建筑风格（Renaissance Revival）和布扎体系（Beaux Arts），它们都受到了古典主义的影响。然后，我们将进入第一次世界大战之后的时期，见证富有魅力的装饰艺术风格（Art Deco）的兴起。

哪怕是在装饰艺术风格流行的巅峰时期，也有其他设计风格暗流涌动，随时准备把建筑的发展带领到新的方向。在纽约的瑰宝克莱斯勒大厦（Chrysler Building）等杰作尚在建设过程中时，欧洲的建筑师们就已经在密谋着一场现代主义（Modernism）革命。

故事就这样展开，从现代主义早期（Early Modernism）和欧洲的包豪斯（Bauhaus）运动，发展到国际风格（International）——这一风格是美国对大西洋彼岸的建筑师们所持社会态度的回应。现代主义（Modernism）结合了这两者并生根发芽，结果却在20世纪70年代被后现代主义者（在一定程度上）夺权，后现代主义者不像现代主义者一样追随"形式追随功能"的信条。

浏览了这些建筑思想的里程碑之后，我们也不应该忘记那些边缘流派：表现主义（Expressionists）、未来主义（Futurism）、新艺术运动（Art Nouveau）、先锋派（Avant Garde）和极简主义（Minimalism）。每一种风格都有定义它的创造者。这些风格的语法给我们提供一个良好的出发点，方便我们去探索现代建筑的故事。

伦敦广播大楼

BBC之家（Home of the BBC，1928—1932年）是一座位于伦敦的装饰艺术风格建筑，由建筑师乔治·瓦尔·迈尔（George Val Myer）和雷蒙德·麦格拉斯（Raymond McGrath）设计。建筑立面上的波兰石材由钢骨架支撑。立面在显眼的位置摆放了艺术家埃里克·吉尔（Eric Gill）的雕塑《普洛斯彼罗和阿里尔》（Prospero and Ariel）。

新文艺复兴建筑风格

我们通常把"Renaissance"译作"文艺复兴"，将首字母小写后即renaissance，有"重生"的意思。如此一来，"新文艺复兴（renaissance revival，可直译为复兴的重生）"就成了一种矛盾修辞。14~16世纪文艺复兴时期的建筑受到古希腊、古罗马建筑设计风格的影响。而新文艺复兴建筑风格则非常多元化，

它自身就可以被分为多个不同的流派。在19世纪及20世纪初期的大多数时候，这个术语一直用来形容那些继承了15世纪确立的"比例与均衡"理念的建筑。不过它们并没有严格地遵从某一种特定式样，例如希腊复兴式（Greek Revival）。正相反，不同国家的建筑师们受到当时建筑风格中怪异者的影响，例如意大利式风格（Italianate）、雅各布式建筑（Jacobean）和哥特式建筑（Gothic），并将其特征融入自己的设计中。

现代的古典

坐落于纽约第五大道的熨斗大厦（Flatiron Building，1902年）是一栋拥有古典立面的钢结构建筑。这栋三棱柱体建筑最尖锐的那个棱被设计成圆角，看起来就像一根巨柱一样。它的立面也被分成三个部分：基座、中部和顶部，就像古希腊圆柱的基座、柱身和柱头。

各种风格的组合

位于巴黎的法国喜剧歌剧院（Salle Favart，1889 年）设计了众多的雕塑和圆顶拱，我们可以从中欣赏到希腊与罗马风格的组合。古典柱式和乡村风格石雕把文艺复兴风格也混合到了这座歌剧院中。

殖民地印记

位于印度孟买的陆军海军大楼（the Army Navy Building，1847 年）中，有一条有盖拱廊沿着最底层延伸。这条拱廊只是这座建筑中的元素之一，用以提醒路过的人们这个国家经历过的殖民地时期的历史，以及西方带来的影响。

山墙和壁柱

位于加拿大多伦多的圣保罗圣殿（St Paul's Basilica，1889 年）展示了装饰在新文艺复兴风格中的重要性。教堂构成简单，却有壁柱（pilaster，装饰性柱子）和山墙（pediment，有华丽边框的三角形屋顶装饰）来修饰。

冠冕般的穹顶塔

这座钟塔（穹顶塔）耸立在英国的斯托克波特市政厅（Stockport Town Hall, 1908 年）最顶端，是这座新古典建筑的显著特征。它的设计中包含了希腊柱式和许多面山墙——钟上方的拱形山墙和更高层的三角山墙。这两种山墙都是"破碎的"，因为它们的水平部分都不完整。

对古典建筑风格的爱好者们来讲，新文艺复兴建筑风格（Renaissance Revival）差不多是最后的兴趣点了。它之所以在本书中被归为"现代建筑"，是因为其在 20 世纪初期的影响力。不过，这一风格的重要性不应当因为它遵循"尺度与比例"的基本理念而使其对罗马拱等设计元素的应用就被低估。

斯托克波特市政厅（Stockport Town Hall）的设计中融合了多种风格。建筑有着匀称的比例，对带有卷曲柱头的古希腊爱奥尼克柱式的应用也非常精彩。窗的形式也体现出了多种风格的影响——较低楼层使用罗马拱，中间层使用稍平些的拱，顶层是乔治王朝时期风格（Georgianesque）的平顶窗。

布满图案

布宜诺斯艾利斯文化之家（Buenos Aires House of Culture，1898 年）是装饰性文艺复兴建筑的典范。它含有山墙、壁柱、窗户上方的饰带、阳台上的古典栏杆、石瓮，甚至还有穹顶塔立于最高处。

内部的魅力

俄罗斯的莫斯科地铁（Moscow Metro）各站的建设中使用了多种不同的建筑风格。共青团站（The station at Komsomolskaya，1952 年）采用的是文艺复兴主题设计。值得注意的是，现代的地铁列车与装饰华丽的天花板间形成了鲜明对比。

对称理念

卡耐基音乐厅（Carnegie Hall，1891 年）位于美国水牛城（Buffalo）。它的正立面可以称得上是一项关于"对称"的研究。维多利亚式（Victorian）和哥特式（Gothic）等建筑风格中通常包含非对称的设计，而新文艺复兴建筑风格的建筑师们则更偏爱古典建筑的理念，他们的设计有着被严格约束的秩序。

形态各异的山墙

这些漂亮的装饰山墙位于比利时布鲁塞尔，它们的历史可以追溯到 1890 年。尽管两面山墙的特点完全不同，但是它们都受到了文艺复兴时期建筑的影响。值得注意的是，那些卷曲的细部雕刻、装饰壁柱和顶部的山尖。

布扎体系

位于巴黎的法国巴黎歌剧院（Palais Garnier，1861—1875 年）是布扎体系建筑中的范例，它的装饰与造型都相当丰富。建筑的每一层都融合了复杂的细部，比如基座上的雕像、上部的科林斯柱、拱形山墙和圆形穹顶周围的金色檐口。

布扎体系（Beaux Arts）在风格上与新文艺复兴建筑风格（Renaissance Revival）类似，都是古希腊、古罗马的雕塑和建筑理念的"回魂"。布扎体系是在法国（而非整个欧洲）发展起来的。它在法国产生了重大影响，随后在美国也是如此。从 1975 年起，法国巴黎国立高等美术学院（Ecole des Beaux Arts）一直在向学生传授这个设计体系。在 1880~1920 年，布扎体系在北美影响力巨大。

尽管布扎体系的建筑受到了文艺复兴建筑的影响，但是它更具艺术性，在装饰方面常常极富表现力。这一特征与 18 世纪晚期在法国和意大利诞生的洛可可（Rococo）与巴洛克（Baroque）风格相似。请仔细观察这类设计中那些通常自然地斜倚着的雕像、尺度有些过大的阳台装饰物、大量的粗面装饰石砌（rustication）以及自由使用的柱式和壁柱。

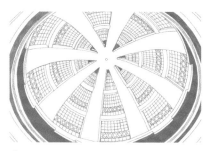

穹顶

穹顶经常出现在布扎体系建筑的顶部。利斐夫人画廊（Lady Lever Art Gallery，1922年）位于英国利物浦，它的穹顶装饰了许多精巧复杂的玻璃板，光线由此倾泻到建筑内部。可以看到沉重的支撑结构在设计中加上了肋，以此强调出它的力量感。

罗马风格装饰

古罗马女神戴安娜（Diana）和波莫纳（Pomona）是布扎体系雕塑家们的最爱。在这里，她们非常自然地斜倚着。这种形态特征是艺术家们从洛可可风格带入到布扎体系建筑中的。

古典柱式

位于美国的旧金山战争纪念歌剧院（San Francisco War Memorial Opera House，1927—1932年）和部分布扎体系建筑相比显得有些过于朴素。然而，其首层的粗面石刻、柱身带有凹槽的成对多立克圆柱表明了它属于这一风格。

粗面装饰石砌（Rustication）

粗面装饰石砌作为一种常见的装饰元素，在多个不同的建筑流派中都有所应用。它最初来源于未完工的石雕，后来演变成了装饰品：建筑师们使用方形平板石砌工艺和暴露在外的宽砂浆接缝来强调建筑元素。

在 19 世纪末到 20 世纪初期，美国已经成为布扎体系（Beaux Arts）的中心，虽然学习这种风格的主阵地还在法国巴黎。建筑师理查德·莫里斯·亨特（Richard Morris Hunt）、亨利·霍布森·理查德森（Henry Hobson Richardson）、规划了数个美国城市的规划师丹尼尔·伯罕姆（Daniel Burnham）等人都曾在巴黎国立高等美术学院学习，并把他们所学的知识带回了美国。在那里，他们将这种风格的精髓与钢结构等全新的建造技术结合起来，创造了许多带有古典立面的现代建筑，其中包括旧金山市政厅（San Francisco City Hall）和纽约的中央火车站（Grand Central Station）。

布扎体系是古典主义建筑的最后一丝气息，它的影响力随着第一次世界大战的爆发而消逝。但许多布扎体系的建筑至今依然矗立，让我们得以洞悉全球现代建筑的一个关键转折点。

北美遗产

坐落于加拿大温哥华的太阳塔（Sun Tower，1911—1912 年）由威廉·塔夫·怀特威（William Tuff Whiteway）设计。绿色的穹顶耸立在六边形塔楼之上。在八层高的主楼上，九根女像柱（刻着女子雕像的柱子）支撑着檐口。建筑表面覆盖着陶瓦砖和粗面砖刻。

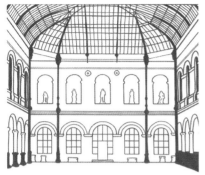

壮观的室内

这是巴黎国立高等美术学院（École des Beaux Arts，1830 年）的一个室内庭院。这个空间在一定程度上是被玻璃穹顶和纤细的铁柱限定的。巴黎国立高等美术学院的建筑基调由罗马拱、柱式、壁柱和雕像所奠定。

宏伟的门廊

这个门廊修饰着房子正面，是典型的北美布扎体系设计。成对的带有卷曲爱奥尼克柱头的大圆柱支撑起古典风格的三角形山墙，与下方的阳台一起构成了这样宏伟的建筑形态。

古典比例

爱荷华大楼（The Iowa，1900 年）坐落于华盛顿特区，是一座著名的布扎公寓建筑。它体现了比例感，特别是对称性，这些都是数百年的古典主义建筑思想注入这一流派中所体现出的特质。

工艺美术运动

威廉·莫里斯之家

位于英国贝克里克黑斯市（Bexleyheath, England）的红房子（The Red House, 1859—1860年）是由威廉·莫里斯（William Morris）的建筑师朋友菲利普·韦伯（Philip Webb）为这位工艺美术运动先驱设计的。这座建筑放弃了当时建筑设计普遍采用的宏伟壮丽形象，转而使用低调的材料和不对称的设计来表达其工艺美术运动理念。

工艺美术运动（Arts and Crafts）风格的建筑灵感来源于用自己双手工作的工匠和手艺人们。这场运动由英国艺术家和作家威廉·莫里斯（William Morris）发起，在19世纪80年代影响卓著。莫里斯和他的同辈们一起对抗工业革命，创造的艺术与建筑促进了乡村的、有历史价值的贸易与手工艺发展。为了对他所向往的材料和技巧有更好的理解，莫里斯接受了建筑师训练，并学习了包括石雕、木雕、铁艺等在内的许多传统工艺。工艺美术运动有许多继承者。很快，多达130家致力于保护和复兴传统技术、工艺和艺术技巧的组织机构就在英国出现了。

美国的样式

四方式住宅（The Foursquare）是在工艺美术运动时期诞生的美国建筑样式。它低调而舒适，使用坚固的材料与建造技巧建造并暴露材料本身，集中体现了美国在工艺美术运动中取得的成果。

天然材料

在工艺美术运动时期的建筑中，家具和室内装饰主要依赖木头和金属——能够让工匠塑形的自然材料。在设计中，建筑每一部分的建造技巧也会被着重强调，这是对制作它们的工匠的一种支持。

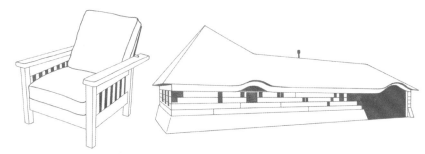

工艺

这个莫利斯椅（Morris Chair）的复制品体现了设计师对天然材料美观简洁的处理手法。皮革与木材结合，能够创造出一件可以终身使用、舒适耐磨的家具。

远古/现代设计

这座新住宅把古老的技巧用在了新的地方。它由建筑师戴维·塞勒斯（David Sellers）设计，几乎完全由木材建成。这种风格以及带有眉檐（eyebrow eaves）的屋顶，都是从工艺美术运动的传统中习得的。

工匠住宅

这栋建于1913年的工匠住宅由派克·麦克威廉姆斯（Peck McWilliams）建造，是一栋受到英国都铎（Tudor）传统影响的四方式住宅（The Foursquare）。从二层使用的装饰性露明木架（half timbering）和整齐镶嵌小块玻璃的方窗中可以看出这座住宅与英国工艺美术运动的关联。

在美国，工艺美术运动（Arts and Crafts）走出了一条与英国不太一样的道路。在美国，这场运动的关注重点是为中产阶级创造漂亮的住宅，常被称为美国工匠风格（American Craftsman style）。这一时期美国建造了许多带有四坡屋顶（hipped roofs）、宽大露台和粗面石柱的住宅。平房（bungalows）普遍带有平缓的倾斜屋顶，屋顶上面设计了老虎窗（eyebrow dormer windows）。在南部各州，建造了许多西班牙风格（Hispanic）的石头住宅。

美国工匠风格在20世纪30年代登上了流行的巅峰，格林兄弟（Greene and Greene）、伯纳德·拉尔夫·梅贝克（Bernard Ralph Maybeck）、弗兰克·劳埃德·赖特（Frank Lloyd Wright）等杰出者继承了它的理念。实际上，劳埃德·赖特的草原住宅（Prairie Style）就是从美国工匠风格中演化而来的。今天，许多当时设计的住宅仍然矗立，这种设计风格也仍在使用。

"泄密的尾巴"

通常，这些裸露的椽尾（右图中窗户上方的构件）和类似的简单元素就足以表明一座建筑属于工艺美术运动时期的建筑风格。将椽子的结构暴露出来，是为了赞扬建造房子的工匠。

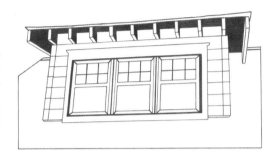

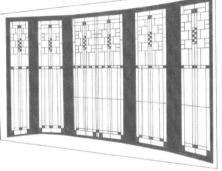

玻璃工艺

玻璃彩绘（stained glass）这项产生于多年之前的技术，是工艺美术运动时期英美建筑师们的共同喜好。左图是一个美国风格的例子，而英国玻璃彩绘更倾向于表现自然主义的图案。

看向过去

20世纪工艺美术运动时期的建筑师们经常参考14世纪和15世纪的都铎（Tudor）建筑，在设计中将大块的木材和石膏板结合使用。这种风格非常受欢迎，直到今天仍在设计中应用。

装饰艺术风格

古埃及的影响

卡雷拉斯香烟工厂（Carreras Cigarette Factory，1926—1928年）坐落于伦敦的卡姆登镇（Camden Town），是装饰艺术风格建筑设计的典范。建筑师柯林斯（Collins）和波里（Porri）选用了埃及主题（他们受到当时发现的图坦卡蒙法老墓的影响），设计了一条由带有独特柱头的白色柱子构成的柱廊，以及由埃及民间传说中的神圣黑猫把守的入口大门。

装饰艺术风格〔Art Deco〕这个词来源于1925年在巴黎举办的一场装饰艺术品展览的名字。这种建筑风格绚丽多彩，没有教条限制，常常从艺术界和古代遗物中汲取灵感。

然而，当更加仔细地审视装饰艺术风格建筑时，我们可以辨认出古罗马、古希腊设计中流传下来的建筑标准。比例、对称和尺度都在装饰艺术风格建筑中扮演了重要角色。同时，建筑师们很快就开始使用古典柱式、山墙和拱作为基本元素，来展示工业和商业建筑、零售店与旅馆的设计。

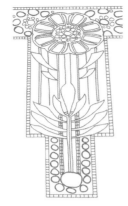

装饰艺术

这幅马赛克镶嵌图案位于巴黎一座集合住宅的立面之上，是装饰艺术工艺品用在建筑中的早期例子。它比那些参考古埃及元素的设计更加精美，也比后来美国常见的都是折角的设计更有自然主义之感。

曲线的美感

克利夫顿山公寓大楼（Clifton Hill apartment building，1937—1938年）坐落于澳大利亚墨尔本。它的造型模仿即将出海的客轮的船桥。这是20世纪30年代最吸引人的旅行方式之一。流动的曲线、对称性与（中间装饰板上的）上釉瓷砖一起构成了一座标志性的装饰艺术风格建筑。

古巴式的别致

浮士德电影剧院（Cine Teatro Fausto，1938年）坐落于古巴的哈瓦那（Havana，Cuba）。这是一座引人注目的装饰艺术风格影院建筑。需要注意的是这特别的不对称立面设计。立面上的水平肋和垂直的中央部分构成了装饰性的设计，因此此立面不需要更多的修饰效果也很好。

旧金山风范

坐落于旧金山的蒙哥马利 140 大楼（140 Montgomery）最初被称为太平洋贝尔大楼（Pacific Bell Building），是一座 26 层高的装饰艺术风格塔楼，1924 年由米勒（Miller）和菲戈（Pfleuger）设计。这座方形建筑的顶部有八只大鹰作为装饰，每侧都有两只大鹰在眺望远方。

装饰艺术风格（Art Deco）对欧洲和美国的建筑都有不同的影响。在英国和法国，给予装饰艺术风格崇高地位的是中型城市建筑甚至单体住宅的设计者们；而在美国，这种风格得到追捧是因为人们用这种风格建造了当时世界上最高的建筑。

在美国与拉丁美洲的许多城市里，都有一群塔楼与它们的现代主义邻居们格格不入，因为它们带有青铜屋顶装饰与石像，样式奢侈。这些巨兽如同巨大的叠层婚礼蛋糕一样生长，它们的四角与顶部装饰着古希腊神像或埃及法老。美国城市中的这些装饰艺术风格建筑宛如辉煌的标志物，让人们回想起那曾经盛极一时却被 20 世纪 30 年代的大萧条和第二次世界大战一举扼杀的旧日繁荣。

荣耀之冠

位于纽约的美国标准大厦（American Standard Building，1924 年）也被称为美国散热器大厦（American Radiator Building），是一座 103 米高的建筑。它的顶部设计灵感来源于哥特建筑，装饰了大量涂成金色的尖顶和角楼，与立面上的黑色墙砖形成对比。

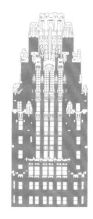

把握"握把"

即使一个门把手这样的简单事物，也可以指明这个建筑属于哪种风格。在这里，门把手面板上竖直的扇形肋和把手自身的曲线细部体现了装饰艺术风格建筑的特征。

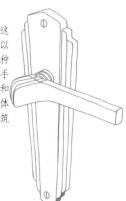

五彩斑斓的设计

伯克利海岸酒店（Berkeley Shore Hotel，1940 年）立面设计中，多种色彩组合在一起置于白色的背景上。在佛罗里达迈阿密做酒店设计的装饰艺术设计师们最钟爱这种糖果色系。

华丽的室内

在纽约的查特瓦酒店（Chatwal Hotel，1905 年），室内设计与华丽的建筑外部旗鼓相当，大堂酒吧和公共空间流露出装饰艺术的风范。优雅的木板排列、地板上的几何形设计与闪亮的金属切割垂直带状灯具结合，创造了一种至今无人能及的优雅魅力。

新艺术运动

在 19 世纪末期，新艺术运动（Art Nouveau 或 New Art）作为一种艺术形式开始流行。新艺术运动的实践者鼓励所有人把艺术和设计看成自己日常生活的一部分，来反抗被历史决定主义（historicism）和精英主义（elitism）支配的艺术界与设计界。这种思潮在整个欧洲迅速传播，远及澳大利亚。各国都给予了这种流派不同的本土化称号，例如意大利的"自由风格"（Stile Liberty）和美国的"蒂芙尼风格"（Tiffany Style）。

建筑师们迅速赶上了这一包罗万象的新艺术形式的潮流，创造了一种充满有机线条、生动形态、绿叶与藤蔓等自然图案的风格。他们将这些元素应用在楼梯栏杆、窗户护栏甚至整个建筑立面的所有地方。建筑被引领到一条充满活力、激动人心的新道路上，从而摆脱了被对称性和一致性严格支配的历史。

比利时的张扬

位于比利时布鲁塞尔（Brussels, Belgium）的考切大楼（Maison Cauchie）由保罗·考切（Paul Cauchie）建造于 1905 年，这座建筑展现了从传统建筑理念到新艺术运动理念的过渡。扇圆形窗户以及立面上华丽的绘画，这些在当时都是不同寻常的装饰。

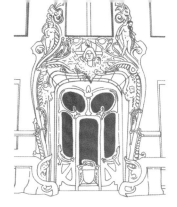

随处可见的雕塑

在新艺术运动的世界中，越高调绚丽就越好。这个门洞覆盖着有机形态的雕刻，使平凡的事物被提升到了新的境界。门板自身也带有与众不同的边框和弯曲的铁艺装饰，这些装饰与上方门洞的石刻结合得很好。

多彩的创作

新艺术运动中的建筑师和艺术家们学会了使用不同色调让自己的设计活泼起来，而不是坚持只使用一种材质色彩。在这座俄罗斯住宅中，精妙的色彩装饰在壁柱和流线型的拱门中，巧妙而富有艺术性。

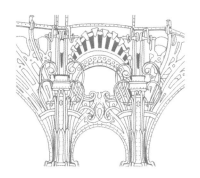

拱与曲线

这件华丽的铁艺装饰位于巴黎大皇宫（Grand Palais，1900 年）内的两根圆柱顶端。它包含了许多种曲线和卷涡，位于中心的装饰镜板（cartouche），有着近似椭圆形的边框。所有部分都被漆成了金色。

强调不对称

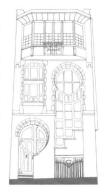

如何将一个门洞变成一件艺术品？这个门洞充满了新艺术运动的特点，是这个流派热爱不对称设计与艺术装饰的例证。需要注意的是其门上的装饰性铁艺和精美的石刻拱。

高迪未完成的杰作

位于西班牙巴塞罗那中心区的圣家族大教堂（The Sagrada Familia），开工于 1882 年，是一座罗马天主教教堂，由安东尼·高迪（Antoni Gaudí）设计。它让人联想起哥特式宗教建筑的尖顶和高塔，却又用不计其数的新艺术运动风格装饰物颠覆了它们原本的样子。目前，它的预定完工时间是 2028 年，也就是它开工年份的一百四十多年之后。

巴塞罗那（Barcelona）是安东尼·高迪（Antoni Gaudí）的故乡，它因新艺术运动风格建筑和高迪的作品出名，在这方面大概没有哪个城市能胜过它。高迪的设计是艺术与建筑的非凡结合，从他设计的公寓楼到公园，以及令人惊叹不已却还尚未完工的圣家族大教堂（Sagrada Familia Cathedral）都能说明这一点。

高迪的建筑中没有哪里不是艺术装饰的地方，完全符合新艺术运动的理念。在他的设计中，整个立面被塑造成优美的曲线；弯曲的烟囱管帽（chimney pots）升向天空；面板与饰带（friezes）装饰着上色陶瓦；还有其他诸多的奢侈又奇异的装饰。

灵感源于自然

在新艺术运动时期，自然主义风格设计（Naturalistic design）占据主导地位。艺术家和建筑师们会在作品中使用动物和鸟类的图案。这幅孔雀图样是门洞上的铁艺装饰的一部分，门洞上还包括弯曲的格栅和树叶状的平板。

室内装饰

建筑的内部也没有被忽略。巴黎古斯塔夫·莫罗博物馆（Musée Gustave Moreau，1878 年）中的这部旋转楼梯展现了新艺术运动时期的曲线美以及当时设计者和建造者们弯曲装饰铁艺的工艺水平。

曲面玻璃

新艺术运动的最终目标，就是让平凡事物升华到一个新的艺术高度。要升级一扇窗，有什么比将它装入一个装饰性曲线窗框并将玻璃弯曲更好的办法呢？

早期现代主义

新的颂歌

伊索康大楼（The Isokon Building，1934年）由威尔斯·寇特斯（Wells Coates）设计，是英国第一批通过室外走廊（deck-access）连接各单元的集合住宅之一。它纯白的外立面、凿除的窗洞开口以及室外走廊与这一时期装饰艺术风格（Art Deco）建筑形成显著对比。

在新艺术运动（Art Nouveau）和装饰艺术风格（Art Deco）的享乐主义设计繁荣发展时，有一股不满的暗流在建筑界涌动。一批新的建筑师出现了。他们并没有从艺术世界中寻求灵感，而是关注建筑的功能本身。现代主义（Modernism）建筑的雏形诞生于这一时期，后来演化为现在我们最为熟悉的现代主义建筑形式之一。

欧洲的实践者与德国的包豪斯（Bauhaus）领导着一群实用主义者，他们反对装饰，转而关注对使用者来说性能最好的建筑设计。钢铁、钢筋混凝土和平板玻璃成为最受他们喜爱的材料。设计追求更大的室内空间，于是屋顶失去坡度变成了平屋顶。屋顶由柱网支撑。"形式追随功能"，这是早期现代主义（Early Modernism）建筑师们的口头禅。

新典范

位于马萨诸塞州林肯城（Lincoln，Massachusetts）的格罗皮乌斯住宅（Gropius House，1938 年）现在是美国的地标性建筑。它由瓦尔特·格罗皮乌斯（Walter Gropius）设计，使用平屋顶、长条窗和白墙壁，是早期现代主义（Early Modernism）住宅设计的典范。如果将它与托马斯·哈代（Thomas Hardy）设计的维多利亚式（Victorian）住宅马克斯门（Max Gate）相对比，明显可以看到建筑设计从装饰性到实用性的范式转变。

新材料

美国的长滩机场航站楼（Long Beach Airport Terminal，1923 年）造型模仿远洋客轮，隐约带有装饰艺术时代的特征。然而建筑师没有使用艺术装饰物，反而使用了极细的金属窗框，这体现出建筑师在设计理念上更倾向于现代主义。

新形式

直到现在，坡屋顶一直都是一种常规样式，甚至在工厂一类的大型建筑中也是如此。然而，随着早期现代主义（Early Modernism）的到来，平屋顶出现了。现代主义住宅通常用它标榜身份，平屋顶也成为现代主义建筑师的标签。甚至到现在，建筑师们在设计定制化住宅时也更倾向于使用平屋顶。

美国梦

弗兰克·劳埃德·赖特（Frank Lloyd Wright）设计的罗比住宅（Robie House，1910 年）位于芝加哥。罗比住宅有覆盖着室外生活空间的悬挑屋檐、使大量光线涌入室内的多组窗户。由于这种设计平坦、低矮、向外延展，它被称为草原式住宅（Prairie Style）。这座住宅成为一个标杆，只被赖特自己后来的一项住宅设计所超越——那就是 1935 年的流水别墅。

当瓦尔特·格罗皮乌斯（Walter Gropius）在欧洲引领包豪斯（Bauhaus）学派时，弗兰克·劳埃德·赖特（Frank Lloyd Wright）和路易斯·沙利文（Louis Sullivan）等美国建筑师也开始创造佳绩。他们使用新材料，将旧有的样式整合成一种新的建筑风格，把美国带入了现代主义建筑时代。

沙利文因他设计的办公建筑而出名。他的设计通常形态敦实，像箱子一样（没有分层的立面），用新技术和新材料建造，但通常带有拱门或卷曲花纹之类的古典元素。住宅领域则以赖特的草原式住宅（Prairie Style）为主要代表。这类住宅低悬的屋顶和延伸的地面不仅是他个人作品的标志，也成了之后很长一段时间里几乎所有美国住宅的特征。

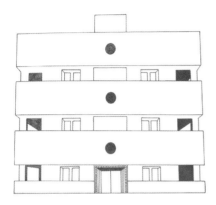

仅留下必需的

要想寻找早期现代主义建筑，以色列一定不是人们第一个想到的地方。不过建筑师本 - 阿米·舒尔曼（Ben-Ami Shulman）在特拉维夫市（Tel Aviv）设计了包括纳赫马尼街 34 号（34 Nachmani Street，1935年）在内的许多建筑。舒尔曼的设计删去了一切非必需的元素，创造了一种在欧洲被普遍应用的极简风格。

理性主义设计

意大利科莫（Como, Italy）的法西斯大厦（Casa del Fascio，1936 年）是建筑设计被精炼到极致的例子。表面的混凝土框架向陷在内部的窗户投射了一部分阴影；垂直交通位于图上建筑右边的实体中；设计没有添加任何装饰元素。

新旧结合

坐落于明尼苏达州奥瓦通纳的国家农业银行（National Farmers'Bank，1908 年）由路易斯·沙里文（Louis Sullivan）设计。这座砖构建筑是一个方盒子，有着结实而实用的形式，就像一个现代主义银行应有的样子。但是沙里文忍不住要加上一点装饰，这是由于他曾经受过古典主义的设计训练。

国际风格

国际风格住宅

图根哈特别墅（Villa Tugendhat，1928—1930年）位于捷克共和国的布尔诺（Brno，The Czech Republic），由路德维希·密斯·凡·德·罗（Ludwig Mies van der Rohe）设计。建筑由钢筋混凝土建造，阳台和露台体现出国际风格（International）特征，它的白色外墙和矩形金属窗也同样如此。

国际风格运动（The International movement）于20世纪20年代末到30年代初在美国兴起。这一风格的支持者们热衷使用混凝土、金属和玻璃等新型材料。同时，他们寻求通过宏伟的宣言——例如悬挑结构、几乎全透明的建筑——来把这种风格推到设计的最前线。

在国际风格建筑中，我们可以留意的特质有直线形式、完全没有装饰、空出的中央庭院、纤细的柱子（底层架空柱，piloti）和前文提到过的悬挑结构。

由于第二次世界大战战后重建带来了大量的大型城市开发项目，许多建筑师实践了这种风格，使得国际风格建筑极速增加。建造材料及建造方法的合理化实现了建筑的快速建造。同时，这种风格也象征着许多城市在经历恐怖的战争之后崭新的开始。

窗户的样子

在立面上保持平整、通常被连接成一长条的方形窗，是国际风格建筑的标志，也是现代主义建筑的支柱。窗框几乎都是金属材质。窗户都使用单层玻璃（single-glazed），除非后来被更换过。

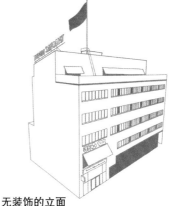

无装饰的立面

图尔库新闻报办公大楼（Turun Sanomat office building，1928—1930年）位于芬兰图尔库，由阿尔瓦·阿尔托（Alvar Aalto）设计。它的立面上除了窗户别无装饰，这是建筑师坚持采用精简的国际风格手法的明确标志。

居住的机器

勒·柯布西耶（Le Corbusier）的萨伏伊别墅（Villa Savoye，1928—1931年）位于法国巴黎附近。这个设计希望让家庭生活合理化。它就像一座平房，所有的生活空间都集中在同一楼层。较小的厨房、卧室、浴室组团所处的方位比较大的客厅、露台休闲空间更为优越。

工作的机器

包豪斯（Bauhaus）学院创始人瓦尔特·格罗皮乌斯（Walter Gropius）在德国设计了法古斯工厂（Fagus Works，1911—1913年）。这座工厂避开了维多利亚风格（Victorian）前辈们花哨的雕刻砖瓦，选择了最少的装饰（入口上方的砖砌线）、大开窗并强调功能性。

功能的艺术

位于柏林的新国家美术馆（Neue National-algalerie, 1968年）由路德维希·密斯·凡·德·罗（Ludwig Mies van der Rohe）设计。它的上层是一个仅由八根柱子支撑的预应力金属屋顶。所有墙壁都是玻璃板。主要展览空间在下面较低的一层。

国际风格（International）与之前几乎所有的建筑风格都是对立的。它的实践者们对建筑中的装饰不屑一顾，而追求纯粹的美，并把早期现代主义（Early Modernism）提出的"形式追随功能"发展到了极致。这种精简的设计适合朴素的时代，一方面体现在建筑的风格与其传递的信息上；另一方面，它也满足当时快速高效地建造商业和工业建筑的社会需求。

建筑师们设计了由钢筋混凝土支撑、包裹着玻璃幕墙的建筑。石艺和砌体结构这两个工业革命的"中坚分子"被晾在了一边。现在有了路德维希·密斯·凡·德·罗（Ludwig Mies van der Rohe）、勒·柯布西耶（Le Corbusier）和菲利普·约翰逊（Philip Johnson）等新的领军人物，胜过了格罗皮乌斯（Gropius）和劳埃德·赖特（Lloyd Wright）的风头。

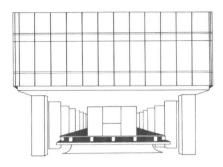

柱

　　一座办公塔楼漂浮在地面之上。仅有一些混凝土柱支撑着它，公众可以自由从下方穿行……由于国际风格的流行，以及钢筋混凝土的使用，曾经看起来荒谬的设想得以实现，并且得以普及。

直线形式

　　随着现代主义者们席卷而来，住宅被永远地改变了。坡屋顶和凸窗（bay windows）消失了，取而代之的是平屋顶和白墙。窗户则要么是在墙上开洞形成，要么成为墙本身。不论哪一种都是矩形的——这是一种统治了许多年的严格美学理念。

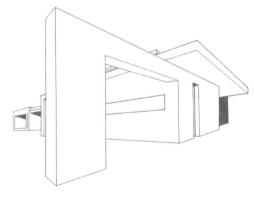

玻璃！玻璃！玻璃！

　　位于纽约的联合国总部大楼（United Nations Secretariat Building，1952 年）是一座板状摩天大楼。它较窄一侧的侧立面为混凝土材质，而两个大立面则全由玻璃覆盖。这座建筑由勒·柯布西耶（Le Corbusier）和巴西建筑师奥斯卡·尼迈耶（Oscar Niemeyer）设计。它的高度为 154 米。

现代主义

建筑师之家

建筑师埃尔诺·戈德芬格（Erno Goldfinger）设计了位于英国伦敦汉普斯敦（Hampstead, London）的柳树街1~3号（1~3 Willow Road, 1939年）。在三座排屋（terrace house）中间最大的一座是建筑师的家。建筑由钢筋混凝土建造，立面使用砖砌。值得注意的是大片的窗户和混凝土底层架空柱。

正如我们已经看到的，现代建筑的内涵比大家一开始想象得要广泛丰富得多——从布扎体系（Beaux Arts）到粗野主义（Brutalism），以及更多流派。现代主义（Modernism）则是现代建筑的多种风格之一。直到今天它依然有很大的影响力。

现代主义诞生于20世纪早期，一开始由之前我们在早期现代主义（Early Modernism）中提及的那些建筑师传播。接下来，在两次世界大战之间以及战后时期，这种风格产生了变化。

20世纪30年代到50年代的现代主义建筑师们采取并践行了"形式追随功能"的箴言，并创造了自己的代表作。勒·柯布西耶（Le Corbusier）提出了建筑是"居住的机器"，并建成了萨伏伊别墅（Villa Savoye）——迄今为止世界上最著名的现代主义住宅之一。而他在世界各地的同行们也设计了新型的住宅、公寓和办公建筑。他们认为，这种新风格与当时的社会与科技变革更为吻合。

表现创意

位于德国波兹坦（Potsdam，Germany）的爱因斯坦天文台（Einstein Tower，1921 年）由表现主义建筑师埃里克·门德尔松（Erich Mendelsohn）设计。它的形式在一定程度上取决于其天文台的功能，然而门德尔松在设计中添加了更多趣味，他设计了流动的曲线、有机的形态，使它看起来比起现代主义更像是新艺术运动（Art Nouveau）风格的建筑。因此，这座建筑被贴上了表现主义的标签。

简化问题

极简主义大概是现代主义者最严格的信条了。实践这一信条的建筑师们在设计中删掉了所有不必要的东西，试图创造最完美的建筑和空间。这座约翰·帕森（John Pawson）设计的圣莫里茨教堂（Moritzkirche）位于德国，是一个千年老教堂的重建项目。帕森创造了纯净的洁白空间，没有任何干扰元素能分散祷告者的注意力。

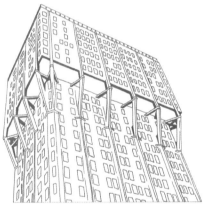

粗野样式

现代主义本身也包含各种各样的风格，其中包括粗野主义（Brutalism）。这个术语用来描述结构上、审美上都是以混凝土为主要材料的建筑。这个单词由来自法语的词组 béton brut（raw concrete，生混凝土）演变而来。坐落于意大利米兰的维拉斯加塔（Torre Velasca，1958 年）以及类似的建筑都属于粗野主义建筑。

现代主义艺术

坐落于纽约的古根海姆博物馆（Guggenheim Museum，1959年）是弗兰克·劳埃德·赖特（Frank Lloyd Wright）最著名的建筑作品。它是一个令人震惊的建筑典范，展现了建筑形式如何被升华成一种真正优美的理想样式。建筑没有装饰，没有不必要的元素。整个建筑仅仅是内部螺旋坡道在建筑外部的形式表达。

随着现代主义建筑不断进步，建筑师们不止满足于创造功能完善的建筑，还希望自己的设计赏心悦目。他们学习了新艺术运动（Art Nouveau）的理念，升华了自己的设计。在窗口开洞、建筑表皮之间的相互作用、运用材料本身的肌理等方面，他们都创造出了新的艺术形式。

20世纪50年代到60年代的现代主义建筑师们的目标，是设计功能明确、形式与材料能把功能用最佳效果展示出来的建筑。比如：结构元素经常在内部和外部同时暴露；建筑的线条粗而笔直；内部空间的平面布局通常为开敞式，而非单元式。

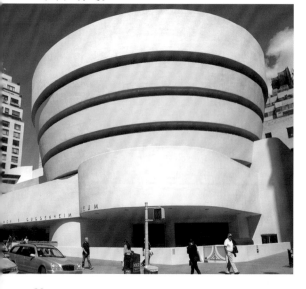

许多盒子

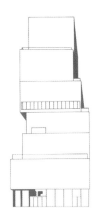

新当代艺术博物馆（New Museum of Contemporary Art，2007年）位于纽约城。日本事务所 SANAA 的建筑师们设计了一系列美术展厅，一个叠着一个，并努力在建筑的形式上把这种内部设计表现出来。

整洁的内部

一间餐室除了一张饭桌之外还需要什么呢？这一室内设计只保留对用餐体验来说必不可少的元素，删除了除此之外的其他东西，这样能让来访者集中注意力，让他们更加期待即将上桌的饭菜。

能"一眼看穿"的设计

大窗格装配玻璃的出现是送给国际风格（International）建筑师们的启示录。因为这种玻璃做法看起来玻璃像完全隐形，所以深受现代主义者们喜爱，一直在加以应用。整墙装配玻璃能引入大量自然光，同时形成一种干净、光滑的表面，经常能让现代主义建筑师们为之倾倒。

学习新把戏

随着钢筋混凝土的出现，悬挑结构迅速发展成熟。在那之前，阳台只能挑出和一根砖梁或石梁一样长的距离，或者一根木撑可以支撑的距离。而现代主义建筑师们身处技术飞跃的时代，得到了让建筑悬挑在空气之上的机会。这座新建筑名为平衡谷仓（Balancing Barn，2010年），由荷兰事务所 MVRDV 设计。

后现代主义

后功能时代

位于伦敦的英国秘密情报局(Secret Intelligence Services Building,1994年)看起来像是一艘巨型远洋客轮的船桥,这是建筑脱离现代主义纯粹的功能主义手法的完美例证。它由特里·法拉尔(Terry Farrell)设计,建筑有古典建筑的对称性和华丽,也有装饰艺术风格建筑(Art Deco)的比例与激动人心的特质。

到 20 世纪 70 年代,教条严苛的现代主义(Modernism)独裁开始逐渐瓦解,这场运动的缺陷也开始彻底暴露。与众不同的新建筑渐渐浮现。这是一种新的张扬绚丽的样式,甚至是一种自典雅的装饰艺术时期以来从未出现过的活泼设计风格:后现代主义(Postmodernism)诞生了。

后现代主义建筑师们希望把色彩和装饰带回建筑世界,来抵消现代主义的平淡无奇。建筑设计中再一次借鉴了古罗马和希腊的建筑风格,但同时也从更广泛的文化和艺术世界中汲取灵感。在当时的艺术界,俄罗斯表现主义(Russian Expressionists)和抽象艺术(abstract art)正风靡一时。

后现代主义

弗兰克·盖里（Frank Gehry）设计的新海关大院（Der Neue Zollhof，1998年）是位于杜塞尔多夫（Düsseldorf）海港的一个多功能项目。这些建筑体现了盖里设计建筑的独特趣味和手法，它们的形式扭曲起伏，与传统建筑的直上直下造型形成鲜明对比。

添加装饰

把古典样式添加到当代建筑中，有时候也能行得通。在这里，加拿大安大略省（Ontario，Canada）的一幢办公楼中，有一条风格独特的金属柱构成的柱廊，与玻璃幕墙包裹的门厅毗邻。

古老的起源

意大利广场（Piazza d'Italia，1978年）坐落于美国新奥尔良市，该设计是对一座古代罗马广场的再描绘（Postdepiction），就像一幅卡通画一样。各式各样的古典建筑元素被堆叠在一起，并涂上了各种颜色。这个例子可以解释后现代主义为什么是一个"短命"的流派。

图像的反讽?

天使圣母大教堂（The Cathedral of Our Lady of the Angels，2002 年）位于美国洛杉矶，是一座地标性建筑。这座由拉斐尔·莫内欧（Rafael Moneo）设计的巨大教堂是世界上第三大教堂，它的主入口大门有 25 吨重。大门上方有一座圣母玛利亚的当代雕像，而建筑本身则是一座由宗教图像装饰的混凝土大楼。

即使是与现代主义运动紧密相关的建筑师们，对现代主义（Modernism）的严苛教条，也开始感到厌倦。他们在新建筑中表达自己的不满，对现代主义的"形式服从功能"信条冷嘲热讽。一个著名的例子就是开创了国际风格（International）的建筑师菲利普·约翰逊（Philip Johnson）设计的 AT&T 大楼（AT&T Building，1981—1984 年，现在的索尼大楼）。建筑师在它的现代主义风格立面顶部，安置了一个圆窗三角山墙（open pediment），而底部则有一个巨大的罗马拱门。

这样的表达方式成为后现代主义建筑师们的标志。在一段时期内，这种风格占了上风。然而，由于后现代主义建筑缺乏正式的设计理念，而且大多数建筑师仍然忠于他们所受的现代主义教育，于是这种风格在 20 世纪 90 年代末慢慢隐没在幕布之后。

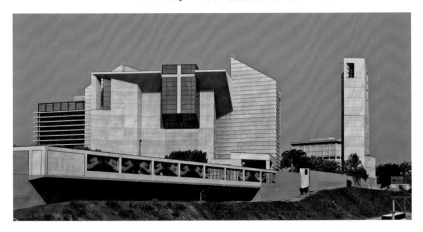

在设计中享受乐趣

伊斯灵顿广场（Islington Square，2006 年）位于英国曼彻斯特的伊斯灵顿，是 FAT 建筑设计工作室的住宅开发项目。它用砖建造，但完全不遵循常规。FAT 的设计用一系列模仿荷兰布扎体系建筑（Beaux Arts）的立面改变了街景，不同颜色的砖砌装饰打破了单调的立面。

象征主义

中国台湾的台北 101 大楼（Taipei 101，1999—2003 年）曾在一段时间里是世界最高楼之一。它上面装饰有古老礼仪符号"如意"的当代版本。

来自建筑的嘲讽

有些建造物并不能真正称得上是"建筑"。不过，如果要把这座位于美国的大鸟车库和与之类似的建筑归入某种流派，仅凭它们反建筑的形式，就能将其归入后现代主义。

先锋派

新城市创意

SBS 电视台总部（SBS TV headquarters, 1997—2002 年）坐落于澳大利亚墨尔本的联邦广场（Federation Square），被分格镶嵌的三角形立面包裹。一开始，它是广场上几座遭到大众厌恶的奇怪建筑之一。后来人们认为 LAB 建筑事务所设计的这片广场是建筑学上的巨大成功。

先锋派（Avant Garde）建筑很难被归类，因为 "avant garde" 意为 "先锋" 或 "前卫"，是用来描述行走在自己领域的前沿、进行试验并开拓边界的艺术家和建筑师或其他创意人士的。因此，所有对一种被广泛接受的风格发起挑战的建筑师都可被认为是先锋派。

在本书中我们会探讨一些过去的建筑师和建筑，还有改变我们对自己建造环境认识的建筑师们。这类建筑师数量众多，这得益于新科技与新材料的出现。现在，这些科技与材料有时能成为解决设计难题的最佳答案，而这些问题在十年前看起来根本无解。

不同的视角

在 20 世纪 50 年代和 60 年代，现代主义纪元正大踏步前进。此时许多建筑都看起来差不多，还能大批量生产建造。不过，有些建筑师忍不住要在他们的现代主义建筑中加入一个新维度。这座住宅建造在白俄罗斯的博布鲁伊斯克（Babruysk, Belarus）。

弯曲的建筑

加拿大的阿尔伯塔美术馆（Art Gallery of Alberta, 2010 年）可以归为后现代主义（Postmodernism）或者解构主义（Deconstruction）。不过有一点可以确定——它打破了加拿大西部建筑设计的常态。这个国家并不以先锋派建筑师人数众多而闻名，因此当洛杉矶建筑师兰德尔·斯托特（Randall Stout）设计了这座建筑时，便立刻引起了轰动。

改变常态

先锋派建筑不一定非得是前所未见的全新事物。这座因特尔酒店（Inntel Hotel, 2010 年）位于荷兰赞丹市（Zaandam, Netherlands），它是对 20 世纪初荷兰流行的布扎体系建筑（Beaux Arts）的完美再创造。WAM 建筑事务所（WAM Architecten）将常规形式扭曲，创造了让人兴奋的新图景。

先锋派（Avant Garde）建筑师和艺术家们在初期经常受到嘲笑，因为他们的作品与当时被广泛接受的事物太不一样了。然而随着时间和观念的改变，曾经被认为是离奇古怪的东西，后来常常被证明是先进的。像勒·柯布西耶（Le Corbusier）和安东尼奥·高迪（Antoni Gaudí）这样的建筑师在21世纪初建立了新的出发点和思想流派。如今，扎哈·哈迪德（Zaha Hadid）和于尔根·迈尔（Jurgen Mayer）这样的大牌人物在建造梦幻般的建筑，改变着我们对建筑环境的认知方式。然而应该承认的是，这两位时兴的建筑明星一直努力让他们的作品建成，却曾在许多年里都没有成功——他们的愿景与当时的政策制定者和公众的理念太不一致了。

新形式

住宅是我们最了解的建筑类型之一。但是当一座颠覆了认知的住宅呈现在眼前时，我们将作何反应？这座日本住宅就是如此。它的建筑形式与碉堡般的外观令人不悦，不过它的内部是什么样呢？建筑师唤起了我们的好奇，让我们思考和探索新的可能性。

材料的挑战

让材料做与众不同的事情，是突破界限的一种方式。在中国北京的 CCTV 大楼（CCTV Building，2004—2012 年）中，OMA 事务所重新定义了钢网结构（structural steel grid）。他们利用先进的科技计算荷载与剪力，创造支撑起这座独特摩天大楼的特殊结构。

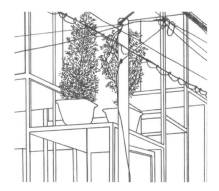

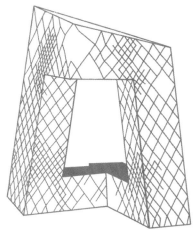

令人震惊的价值

没有合适的词能用来形容苏格兰议会大厦（Scottish Parliament Building，2004 年）的立面。这座建筑位于苏格兰爱丁堡。它的建造花费了数百万英镑，远高于初始预期，导致了民众的强烈抗议。不过，在建筑层面上，它被认为是一个杰作。它展示了高技派（High Tech）建筑的理念，并把装饰性建筑设计带到了新时代。

内部难题

如果建筑外部是一层透明薄膜，而内部是一系列阶梯状空间会怎样？可以在这样一种矛盾体中居住吗？日本东京的 NA 住宅（NA House，2011 年）由藤本壮介事务所（Sou Fujimoto Architects）设计，该设计就回应了这一问题。问题的答案或许永远不会清晰，而先锋派建筑师们已经继续开始创造新的难题了。

解构主义

对抗常规

帝国战争博物馆北馆(Imperial War Museum North,2002年)位于英国曼彻斯特,由丹尼尔·里伯斯金(Daniel Libeskind)设计。人们认为他既是一位是先锋派(Avant Garde)建筑师也是一位解构主义(Deconstruction)建筑师。这座建筑的概念是用建筑讲述战争的故事,用被击碎并重组的球体表现这一概念。土地、空气、水这三种元素结合起来形成了博物馆的空间。

像后现代主义(Postmodernism)建筑师们一样,解构主义(Deconstruction)建筑师们把"形式追随功能"的现代主义理念丢到一边。不过,解构主义建筑师们迈出了新的一步,他们试图炸开通常理念中的建筑物,字面意义上的"解构"建筑(通常是它的立面),并用新的、常常不易辨识的方式重建它。

对建筑师和建筑使用者们来说,立面和形式的肢解与操作都带来了一系列的新挑战。面对这种激进的、一反常态的设计,公众意见一向非常刁钻,许多解构主义建筑一开始并不受欢迎。不过,人们的内心是永远充满好奇的。一开始看起来突兀的事物,在重新审视之后,成为一种有趣的新型范式。这就是来自建筑解构主义的挑战。

被拆解的车站

一场歪柱子与斜平面的混战构成了德国的奥伯豪森新中心车站（Neue Mitte Oberhausen train station，1996 年）。看上去这个设计就像是把一个整齐有序的车站平台拆开，然后重新堆在一起——这是对我们认知中的当地车站的完全解构。

破碎的艺术

一系列方盒子堆叠错动，一个颜色更深的方体在这些体块中格外醒目。这座建筑能立刻激发所有路过者的兴趣。位于美国辛辛那提（Cincinnatti，United States）的当代艺术中心（Contemporary Arts Center，2001—2003 年）由扎哈·哈迪德（Zaha Hadid）设计，其支离破碎的形式让它具有广泛辨识度。哈迪德在坚守现代主义使用直线的原则同时，通过在形式和色彩上割裂建筑元素颠覆了设计。

扭曲平面

丹尼尔·里伯斯金（Daniel Libeskind）是一位解构主义大师。他的皇家安大略博物馆新馆扩建工程（The Crystal）是为加拿大多伦多（Toronto，Canada）的皇家安大略博物馆（Royal Ontario Museum，2007 年）加建的新入口。建筑师给这座历史建筑增添了一个与原有结构对比鲜明的部分，金字塔般的夹角和非平行线构成了建筑，这种复杂的形式很难用语言来形容。

褶皱的肌理

弗兰克·盖里（Frank Gehry）设计的克利夫兰卢·鲁沃脑健康中心（Cleveland Clinic Lou Ruvo Center for Brain Health，2007—2009年）坐落于美国拉斯维加斯。这座建筑看起来像是要融化了一样。这个设计戏剧化地弄皱了健康中心的立面，使建筑的形式扭曲成一种在几年前被认为是不可能的形状。

在建筑空间功能方面，后现代主义者们往往会遵从现代主义理念，先理性地进行设计，再添加装饰让建筑脱离现代主义。而解构主义者们则努力反抗现代主义的核心，脱离几何学以及可识别的空间操作。

为了实现这种新理想，解构主义（Deconstruction）建筑师们经常从可辨识的建筑形式出发，将它们破坏变形，让人们知道它在被彻底改变之前本该是什么样子。盖里在位于圣莫妮卡的自宅（盖里住宅，Gehry Residence，1978年）中就是这样做的。在库柏·西梅布芬事务所（Coop Himmelblau）设计的位于德累斯顿（Dresden）的UFA水晶宫电影院（UFA Kristallpalast，1997—1998年）中，一座玻璃塔在侧面斜向升起，改变了人们已经习以为常的建筑样式。

不协调的设计

丹尼尔·里伯斯金（Daniel Libeskind）设计的第一座广为人知的建筑，是位于德国柏林的犹太博物馆（Jewish Museum，2001年）。设计的概念是抽象的大卫之星（Star of David），以及朝向历史事件发生地点的折线。建筑的折线形平面由此产生。

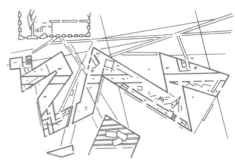

加建的解构

这座古典建筑位于德国德累斯顿（Dresden，Germany）的一片规整的街区中。然而在防火疏散梯加建（2006年）中，建筑师所做的事情令人惊叹。一种平凡又常见的附加功能蜕变成带有解构主义魔力的、引人注目的东西。

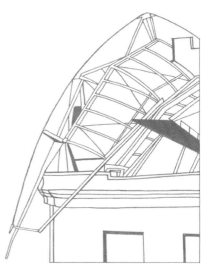

一部分来自外星

在奥地利维也纳市福克斯特拉斯（Falkstrasse）的一幢古典公寓大楼上，建筑师德卢甘·麦斯尔（Delugan Meissl）加建了一套顶层公寓（2010年）——然而它并不古典。公寓的外观是一堆扭曲的金属和尖锐的碎片，就像一艘坠毁的外星飞船。从结果上来看，它与下方的原建筑形成了鲜明的对比。

融合派

设计结合自然

难波公园（Namba Parks, 2003—2007 年）是日本大阪的一个零售商业开发项目。它位于一块倾斜的场地上，曲线形的室外购物中心由许多树木装点，把自然风光引入到日本最繁忙城市之一的核心地带。

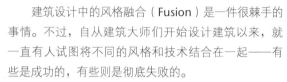

建筑设计中的风格融合（Fusion）是一件很棘手的事情。不过，自从建筑大师们开始设计建筑以来，就一直有人试图将不同的风格和技术结合在一起——有些是成功的，有些则是彻底失败的。

如今建筑师在进行设计时，有多种风格、理念和地域特色可供选择。在当今的技术时代，建筑师们可以轻易地从地球上的任何地方搜索创意和建构方式。哪怕在这个时代之前，设计行业里的许多从业者们也都在分享他们的工作。自 15 世纪文艺复兴时期以来，建筑师们就在把新思想与古代建筑的尺度和比例规则进行融合，比如法国和英国的文艺复兴建筑师们将自己国家的理念与意大利的思想合并。现在，有太多的风格和流派并存，建筑师们很难坚持依照单一的理念进行设计。许多人在不同的风格之间来回漂移，创造出多种流派融合的建筑。

古代的影响

这座现代办公楼位于澳大利亚珀斯（Perth，Australia），它的入口是一个典型的古典柱廊形式。这排柱子有着古罗马时期的组合柱头，而它光滑的柱身和无装饰的基座则是多立克式的。这个柱廊与它身后的现代主义建筑形成了戏剧化的对比。

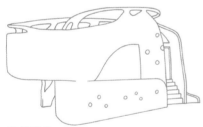

有机形式

牛田-芬德利建筑师事务所（Ushida Findlay Architects）本身就是日本与苏格兰建筑师的融合，由牛田英作（Eisaku Ushida）和凯瑟琳·芬得利（Kathryn Findlay）组成。这对搭档一起进行设计工作，其中包括这座位于东京的曲墙宅（Truss Wall House，1993年）。在这里，现代主义的内在理念与充满动感的有机形式相互融合。

维多利亚式与现代结合

在加拿大的克里摩尔（Creemore，Canada），这座有着陡峭斜屋顶的维多利亚式风格（Victorian-style）农舍与添加于2011年的现代主义加建部分完美结合。两种截然不同的风格用相似的材料来混合，形成了耐人寻味的建筑。

古典与现代

这座办公建筑位于罗马尼亚，是一栋布扎体系（Beaux Arts）时期老房子的改造。不过，上方的加建部分毫无疑问属于现代主义风格。这两种元素形成对比，一种元素能突显另一种元素的特点，而不会使其黯然失色。

许多融合建筑（Fusion）来自对现有建筑进行加建的需求。当这种情况出现时，建筑师可以尝试与原建筑相同风格的设计，或者引入新的美学和建筑创意来影响项目。这两种选择都很棘手：对于前者，需要使用现代材料实现与历史建筑的忠实匹配，这是一项挑战；对于后者来讲，需要对现有的建筑保持敏感，同时将新建筑与之区分开来，把这样两种元素都能以最好的样貌呈现出来。

当一个建筑师选择在一座全新建筑中融合不同风格时，就会面临巨大的挑战。为了打破旧的建筑风格，新的建筑风格与流派需要另辟蹊径；但是，将不同流派的设计原则杂糅在一起是件冒险的事。

老基座，新塔楼

纽约的赫斯特塔（Hearst Tower，1928 年；2006 年）的六层基座部分由建筑师约瑟夫·厄本（Joseph Urban）设计。他原本的设计意图是在顶部建造一座风格相同的塔楼。但直到 2006 年，诺曼·福斯特（Norman Foster）加建了高技派的钢铁玻璃塔后，它才算完工。

伊斯兰和印度

贾玛清真寺（Jama Masjid, 1644—1656 年）是印度德里旧城（Old Delhi, India）的主清真寺。

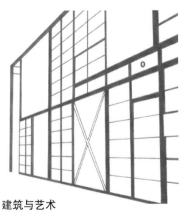

建筑与艺术

查尔斯（Charles）和蕾·伊默斯（Ray Eames）因为他们在建筑和家具设计中对色彩的巧妙应用而出名。在他们的自宅伊默斯之家（Eames House）中，这对夫妇将现代主义设计与荷兰艺术家皮特·蒙德里安（Piet Mondrian）创造的鲜明色彩构成结合起来。

亚洲/现代

美国的韦伯工作室（Webber Studio）在德克萨斯州设计了一座住宅，但它并没有试图模仿草原式住宅（Prairie Style），而是从东方设计中取得灵感。建成结果相当优美。日本风格的多窗格墙和极小的凉亭（走道），与美国中西部低矮的屋顶结合得很好。

未来现代主义

混凝土雕塑

　　法国蒙彼利埃的皮埃尔维夫斯楼（Pierre Vives Building，2012年）立面上带有不少起伏的曲线。最好还是让设计者解释它们的含义。扎哈·哈迪德（Zaha Hadid）将这座集公共图书馆、档案馆和体育馆于一身的建筑描述为"知识之树"，并将这一概念变成组织图解。

　　未来现代主义（Future Modern）这种风格想必不会流行太久，因为这名字本身起得就不合时宜。当前的建筑趋势正同时向太多不同的方向推进，所以很难将它们划分开来。此外，随着新技术和新材料的发展，建筑师们能创造出更加不同寻常、令人兴奋的建筑。这种风格通常用来形容扎哈·哈迪德（Zaha Hadid）和雷姆·库哈斯（Rem Koolhaas）等优秀设计师的作品。也用来描述一些先锋派事务所的建筑设计作品。未来现代主义建筑探索极限、创造新形式，利用不同寻常的技术，并试图使建筑与环境互动。这些建筑看起来不像任何世界上曾出现过的东西。明天，随着技术进一步发展，也许所有建筑物都会是椭圆形的，还可能带有光敏表皮。那时，建筑师们将再一次展望新事物。其实现在，未来现代主义建筑就在扮演这个角色。

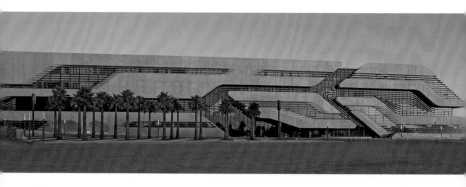

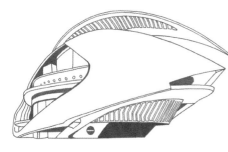

进化的形式

先锋派、后现代、融合……索菲亚王后艺术歌剧院（Palau de les Arts Reina Sofia，2005 年）位于西班牙巴伦西亚（Valencia，Spain），由工程师兼建筑师圣地亚哥·卡拉特拉瓦（Santiago Calatrava）设计。它的形式难以描述和归类。不过从结果上看，建筑朴素的白色外立面反射着西班牙的阳光，显得美丽而壮观。

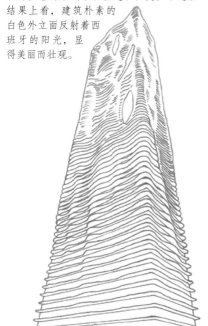

婀娜的曲线

谁说摩天大楼一定要是直上直下的？位于加拿大密西沙加（Mississauga，Canada）的绝对世界大厦（Absolute World Towers）由中国事务所 MAD（英文意为疯狂）设计。正如这个富有曲线美的设计所展示的，事务所的名字非常恰当。这座楼后来被称为"玛丽莲·梦露大厦（Marilyn Monroe Towers）"。

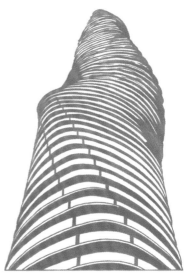

疯狂的立面

这栋位于美国芝加哥的 82 层复合功能塔楼称作水滴塔（Aqua，2007—2009 年）。在玻璃表皮上，水平阳台如波浪般起伏，在建筑表面形成的轮廓线让人联想起在连绵起伏的群山中静卧的湖泊。

尖锐的主题

这是 2010 年中国上海世博会的英国馆，由托马斯·赫斯维克（Thomas Heatherwick）设计。它表面覆盖着 6 万根光学棒，它们可以在微风中轻轻摇摆。它挑战了建筑"立面"的传统定义，试验了立面对外界环境的反应。

随着计算机技术的应用与发展，建筑师们就一直在使用它们。不过，直到最近一段时间，这些机器都只被用作计算和模拟建筑结构的工具。然而，随着各种 2D 和 3D 的创意设计软件的出现，建筑师们开辟了一个充满可能性的全新世界。

现在，即使是最简单的建筑物也是以数字化的方式设计的。在进入建造阶段之前，计算机都可以对建筑进行潜在故障模拟测试，并进行重新设计。希望在设计领域突破界限的建筑师们把这些技术当成辅助工具，探索各种设计的可能性、材料极限能力和结构形式。建筑物可以呈现出更不同寻常的形状，也变得更加环保。未来的现代建筑，正在追赶从前只能在电影中看到的科幻创意。

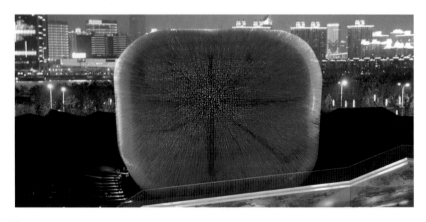

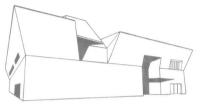

新的粗野主义

位于加拿大多伦多的阿加汗博物馆（Aga Khan Museum，2010—2014 年）由槙文彦（Fumihiko Maki）设计。这座建筑被白色花岗石包裹，十分朴素，像一座堡垒，也许是在象征伊斯兰教的人民在 21 世纪正在经历的斗争。这座建筑永不过时：现代主义为了未来而存在。

拥抱环保主义

身为一名现代主义者，伦佐·皮亚诺（Renzo Piano）却在美国旧金山建造了一座融合主义建筑，来容纳加州科学院（theCalifornia Academy of Sciences，2008 年）。现代主义的玻璃和钢铁与前沿的环境友好型设计相结合，比如设计中包括铺着草坪的屋顶和穿透屋顶的舷窗（portholes）。

现代主义归来

也许，现代主义发生变形就成了未来主义（Futurism）。于尔根·迈尔建筑事务所（J. Mayer H. Architects）的复制住宅（Dupli Casa，2008 年）坐落于德国。它看起来几乎像是被"浇"在了地基上一样。这座房子的设计基于 20 世纪 40 年代的现代主义。然而，迈尔的狂野想象力以及他伸展、融化建筑形式来适应倾斜场地的做法，将这座住宅带到了未来。

寻求新的几何学

卡斯丛林（Cast Thicket）是一次建筑竞赛中的入选方案之一。在这个竞赛中，团队使用参数化建模和数字建造来设计制造可能应用在建筑中的新形式。该模型由克里斯汀·尤吉亚曼（Christine Yogiaman）和肯·特雷西（Ken Tracy）设计，现在正在德克萨斯大学（University of Texas）展出。

建筑类型

在大致了解现代建筑的主要风格流派之后，我们接下来就要介绍主要的建筑类型，以此来了解每个建筑学派的思想是如何影响它们的设计和建造的。我们将从每个人最熟悉的住宅建筑开始，来追溯每种建筑类型的设计历史，包括材料、技术和建筑哲学，以及它们是如何在 20 世纪及 21 世纪初期变化和发展的。

每部分都会包括"建筑原型（Archetypes）"板块来列举一些主要对建筑类型产生影响的不同建筑风格的案例。这部分内容将描绘出建筑在 20 世纪的发展历程，同时以更易于理解的方式帮助我们组织出近代建筑历史。

"特色建筑"板块将深入讨论该建筑类型中最著名的两个案例，包括它们的设计和建造。在"材料与构造"板块、"门和窗"板块、"装饰"板块中，我们将挑出每种建筑类型中特定的元素，并讲解它们为何受到当时建筑风格、思想和哲学的影响。

本部分内容，即"建筑类型"，作为全书的一览式指南，将帮助您接下来的阅读。找到一座建筑，翻阅包含它的那部分，比如说住宅建筑、交通建筑、宗教建筑等，然后精确定位出与它最相似的建筑原型，很简单对吧。好吧，也许并不是那么简单，但你一定会找到一个正确的方向，然后再继续查阅对你的设计有影响的建筑风格和思想。

住宅建筑

简介

工艺美术运动风格
（Arts and crafts）

由威廉·比德莱克
（W. H. Bidlake）设计,
于1901年建于英国埃
德巴斯顿（Edgbaston,
UK）的加思住宅（Garth
House）是英国工艺美术
运动的范例。虽然装饰
很少，但在设计上对窗
户、门和围墙的工艺都
给予了很大的关注。建
筑和烟囱的不对称设计
也是这一流派的特点。

住宅建筑是建筑史上被赋予了最大设计幅度的建筑类型。在美国，住宅建筑囊括了各种规模、形式和特征，建造选地也十分广阔——从沙漠到山脉甚至是水上。

有人认为建筑师会喜欢设计房子时的自由感，但他们的设计并不是从一张白纸出发的，而是从客户、环境和政府提出的一系列需求和约束中得出的，这样才能确保房子能够在数年的严峻考验中屹立不倒。

美国的建筑师们努力调整和发展他们设计的建筑，以适应每一代人的需要。随着住宅的设计逐渐由浪漫主义转向现代主义，住宅建筑的形式和人们的生活方式发生了变化。平屋顶取代了坡屋顶，开放空间取代了蜂窝式隔间。与此同时，出于环保角度考虑，建筑材料的选择也发生了变化。由纤细钢架支撑的大面玻璃墙开始被高度绝缘的墙壁、定向玻璃（orientation-specific）以及其他将自然光引入建筑的手法替代，比如太阳管（sun pipes）。

住宅的设计是不断变化的。然而，设计思想在不断演化，构成一个成功的家的原则

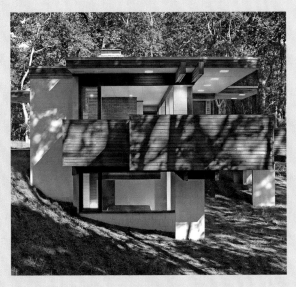

现代住宅

建筑师查尔斯·泽德内（Charles Zehdner）于马萨诸塞州的科德角（Cape Cod）设计了库格尔/吉普斯住宅（Kugel/Gips House）。建筑师应用现代主义思想将建筑变为雕塑。这座建于1970年的大房子曾被废弃了11年，直到科德角现代信托公司（Cape Cod Modern Trust）修复了它，现在它可以用于度假租赁。

仍然是显而易见的，并且与20世纪初相同。看看这部分的任何一种类型，你会发现现代主义、先锋派、草原风格，甚至极简派，几乎每个家庭都是围绕着一个中心生活空间设计的，并与组合成一个组团的厨房、浴室等服务空间毗连。在某些情况下，诸如厨房之类的空间会整合到主要交往空间中，但是以聚集、交流和放松为主要功能的空间是设计中最重要的区域。毕竟，这些空间是人们生活最依赖的地方，因此它们需要与人们的物质生活、精神生活以及家庭活动相协调。

建筑原型

古典美

由理查·里斯·亨特
（Richard Morris Hunt）
设计，建于1893年的
破碎者（The Breakers）
是一个坐落在罗德岛新
港（Newport, Rhode
Island）的新文艺复兴风
格住宅。建筑在形式上
是对称的，建筑使用的
装饰可溯源至法国文艺
复兴时期。

虽然几乎每种已知的建筑风格都涉及住宅的设计
和建造，但其中一些建筑风格更加适合单户家庭。举个
例子，对比草原住宅（Prairie Style）的平房和新文艺
复兴风格（Renaissance Revival）的豪宅，从本质上看，
后者属于宏伟的风格，而草原住宅的设计则可大可小，
所以很有优势，因而成为北美洲最为广泛建造的住宅
之一。

也就是说，我们不应该放弃新文艺复兴风格，可
以在新文艺复兴式住宅和一些其他豪宅上发现很多设
计细节，这些细节可以应用到任何其他住宅的设计。文
艺复兴时期的建筑崇尚古老的对称、尺度和比例法则，
这些都是应该在标准的三居室家庭设计中考虑到的。

布扎体系住宅

建于 1903 年的约翰·布什住宅（John Bush House）坐落在美国布法罗（Buffalo），具有布扎体系建筑（Beaux Arts）的所有特征。它比文艺复兴时期的房子装修得更加华丽，屋檐上有更具装饰性的女儿墙，白色石块与角上的砖砌形成对比。

装饰艺术风格住宅

它看似是现代主义的建筑，但并不完全是这样的：这个房子弯曲的前墙和窗户，连同扶手式栏杆，掩饰了其装饰艺术风格的本质。灰泥白漆的使用在这种类型的住宅中是很常见的，在现代建筑师的设计中也是如此。

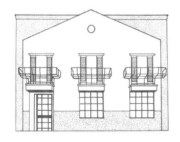

后现代主义住宅

屋顶是平的，但前墙是倾斜的，并具有圆形的排气口，这所房子好似在取笑它那些更加现代的邻居。它是一个近乎具有讽刺意味的后现代主义作品。其阳台栏杆非常奇怪。

现代主义住宅

简约、精致、时尚，这个现代主义房子的体量是两个矩形体块的堆叠。两个空间都面向海滩——上层更私密，下层则有更多室内外的视线交流。白色混凝土墙、地板和屋顶板勾勒出它的形状，创造一种如一、逍遥的美。

虽然每一种建筑类型的设计都有自己的一套指导原则，但许多设计师在设计房屋时会选择在它们之间游移。这种自由会产生有趣但有时让人担心的结果。然而，当执行得很好时，即使是两种对立风格的组合——如工艺美术运动风格和现代主义——也能创造出超越其他风格的美丽家园。

考虑到这一点，选择风格混搭的建筑师无疑是勇敢的。每一种流派都有其原则和标准，不应轻视。古典风格和一些受艺术启发的流派，如新文艺复兴风格（Renaissance Revival）和新艺术运动风格（Art Nouveau），很少能与粗野主义（Brutalism）或解构主义（Deconstructivism）这些更实用的设计理念结合在一起——风格寓于哲学，是不无道理的。

新艺术运动住宅

建于1900年的向日葵住宅（De Zonnebloem），坐落在比利时安特卫普（Antwerp），由儒勒·霍夫曼（Jules Hofman）设计。曲线形的窗子——包括边缘与窗框——伴随着建筑的外观、装饰以及俏皮的阳台告诉我们，这是一座新艺术运动时期的房子。没有其他的形式可以如此自由又有机地表现其艺术意向了。

工艺美术运动住宅

英国工艺美术运动时期的住宅倾向于拥有白色的墙壁和被红色瓦片覆盖的屋顶，这些元素赋予它们一种稳重的、体现本地特色的外观。这种根深蒂固的美感是通过细节表现的，如屋顶向左边轻微的斜度变化，以及右边倾斜的墙壁，暗示着这是一个盐盒式（saltbox）住宅。

融合派住宅

新式住宅的发展往往试图通过细节设计从大量类似的房屋中脱颖而出。这是一个普通的一层半住宅，它的细节特点是卧室的窗户上面有一个破碎的古希腊式山墙，前门上方是格鲁吉亚式的扇形窗（Georgianesque fanlight）。

解构主义住宅

丹尼尔·里伯斯金（Daniel Libeskind）的装配式别墅是一座教科书式的解构主义住宅。尖角和突起在传统的住宅设计手法中非常罕见，所以从整体上看很难把它当成是一座住宅，而是变得更像一座雕塑。

未来现代主义住宅

这个来自日本的未来现代主义（Future Modern）住宅设计通过对一个极小场地的充分利用，重新思考了我们的生活方式。房子的大部分是挑在车库外面，居住空间被安置在一扇巨大的窗户后面，而其余的空间都隐藏在这些怪异的几何形体构成的墙后面。

材料与构造

随风飘动的"墙"

幕墙屋（Curtain Wall House，1993—1995 年）坐落在日本东京。它有一个坚固的结构钢骨架，但它的"墙壁"却是可以摆动的窗帘。坂茂（Shigeru Ban）设计的这座奇形怪状的房子既是一个建筑奇观又是一个范例——任何事情在建筑中都不是理所当然的。

用于建造独栋住宅的材料一直是多种多样的。这是由于住宅相较于其他建筑尺度较小，与工业建筑或摩天大楼相比，对承担荷载的要求也较低。然而，不同地区的建筑师会根据当地工匠技艺的不同选择不同的建筑材料。在英国和欧洲中部，石材和砖仍然是建筑材料的主要组成部分，而在北美洲、亚洲和澳大利亚，木材则成为最常见的建筑材料之一。混凝土在建筑中已有数千年的历史，但其加固手段仅在 19 世纪中期才发展起来，第一座钢筋混凝土桥梁建于 1889 年。不久后，钢筋混凝土开始用于建筑，这也使早期的现代主义者找到了用于建造他们居所完美又实用的材料。

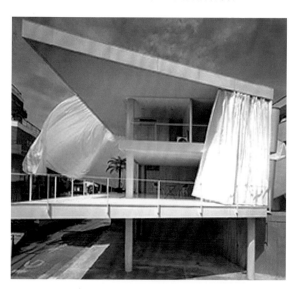

木制的奇观

1909年格林尼兄弟建筑事务所（Greene and Greene）为宝洁公司的大卫·B·甘博（David B. Gamble）设计了甘博住宅（The Gamble House）。它是一个工艺美术运动时期的住宅，也是美国的国家瑰宝。需要注意的是覆盖墙壁的木瓦（wooden shakes）、大木梁的端头以及精美的大门和围墙。

"畸形"混凝土

现浇混凝土需要浇到模具里，做模具的构件称为模板，施工时通常在浇筑墙体的位置架设模板。我们可以看到，这座现代山地住宅的混凝土外墙上留下的模板的印记。

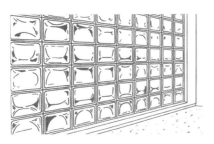

全都是玻璃

常见的玻璃通常会做成一大片玻璃窗或者嵌在窗框里，但这座住宅把玻璃变成了承重结构，所有的墙都是用玻璃砖建造的。玻璃砖与传统混凝土砌块一样宽，但是玻璃砖更重，用于建造这种墙体的玻璃要足够厚，才足以承受一定的重量和压力。

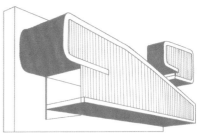

马德里金属

剪辑屋（Clip House，2008年），由伯纳尔特和列昂联合建筑事务所（Bernalte-Leon y Asociados）设计，这是一座由混凝土和铜建造的未来主义住宅。在巨大的混凝土框架的支撑下，房子被包裹在铜板下，铜板会慢慢在空气中锈蚀而变绿。

悬挑

特洛伊木屋（Trojan House，2009 年）是由杰克逊·克莱门茨·布伦斯（Jackson Clements Burrows）设计的一座澳大利亚住宅。它在空中实现了令人难以置信的悬挑，悬臂（cantilever）是通过在一端锚定钢梁并利用其抗拉强度支撑建筑物的重量来实现的。

不同的材料采用不同的施工方法。在现代建筑出现之前，房子的墙壁是坚固的——无论是用石头、砖块还是木头（以原木的形式）建造的——而且越厚越好。然而，随着技术人员开始了解气隙（air gap）的绝缘特性，墙壁中开始出现空腔（cavity），木框架也不再只是巨大的木材，更多的是由改良过的"轻木结构（stick-frame）"构成的承重结构。

虽然许多结构可以用木头和石头建造，但是钢和混凝土使建筑师们可以用较低的成本实现更好的建造效果。巨大的柱子可以缩小，悬臂可以做得更大，墙之间的跨度更宽。20 世纪初，房屋设计发生了变化，变得越来越多样化、令人兴奋。自那时起，建筑师设计的房子便迈向了未来。

展示所有材料

　　现代主义者认为建造房屋的材料应该被展示出来，而不是隐藏在装饰背后，这是一个突显钢梁和柱结构的范例。钢在窗户、墙壁等周围形成了框架，是为了在阴影下具有辨识度，并且还能与白色墙壁和天花板形成对比。

我们之前做的

　　20世纪初，混凝土在英国利物浦（Liverpool）首创。从那时起，它就被用来建造各种风格的房子，包括艾利屋（Airey house）——第二次世界大战后大量建造的装配式房屋。艾利屋的预制混凝土立面在房屋短缺的时候建造起来又快又便宜。

绿色的家

　　环保的理念带来了建立生态住宅的新途径。这座不寻常的房子建在山坡上，并设计了绝佳的隔热层以及其他隔绝恶劣天气的构造层，它还拥有一个可供种植的屋顶。太阳能电池板也可提供电力。

模糊界限

　　在气候温暖、变化幅度小的国家，建筑师设计住宅时不太需要考虑隔热和隔绝恶劣天气的问题。在这种地区做设计常用的手法是拆除墙壁，居住空间从内部无缝地融合到外部，唯一的分界标志是铺地的变化。

特色建筑——山屋

苏格兰的瑰宝

山屋是一个伟大的建筑典范。巨大的墙壁嵌着窗户，使建筑给人一种有力而坚固的感觉。设计中的某些细节，比如主塔的缺损，让人们可以看到倾斜烟囱烟道、圆锥屋顶、圆形塔和下面的一些小瑕疵，这些细节都赋予了这座建筑独有的特色。

山屋（Hill House）坐落在一座山上，俯瞰克莱德河（the River Clyde），位于苏格兰海伦斯堡（Helensburgh）。由查尔斯·雷尼·麦金托什（Charles Rennie Mackintosh）为出版商沃尔特·布莱克（Walter Blackie）和其家庭设计，住宅于 1904 年建成。

建筑的设计是一系列风格的结合，从工艺美术运动时期到新艺术运动时期，出现的诸如意大利风格（Italianate）和日本主义风格（Japonisme）都可以归属为融合派（Fusion）。麦金托什以他的艺术和手工艺作品而闻名，他的设计则以这一流派为基础。

布莱克同意让麦金托什和他的妻子玛格丽特·麦克唐纳（Margaret Macdonald）设计房子内外的一切。当麦金托什完成他的工作并交给委托人时，据报道他曾对布莱克说："这就是我为你做的设计，它不是意大利别墅、英国宅邸、瑞士小屋或苏格兰城堡。这是一个居住的场所（Dwelling House）。"

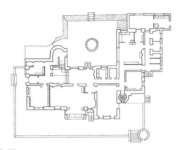

布局

麦金托什在设计房子的结构之前先考虑了整体布局,将主要的生活空间沿一条主轴布置,较小的服务区域沿与主轴垂直的另一条轴线布置。所有的生活空间——起居室、餐厅和书房——都可以眺望花园。交通空间被推到后面,这是设计中一个非常现代的手法。

不对称的细节

避开任何对称的设计手法,是麦金托什为他设计的山屋印上其专属标签的方法之一。这座房子不会像很多其他大房子一样被认为是古典建筑的仿制品。住宅的外形展示了他奇特的设计态度,没有哪两个元素是重复的,然而作为一个整体,一切都很和谐。

入口

山屋的入口是很不显眼的,这是设计的一个亮点。虽然实际的门是正常的比例,并在入口大厅的一侧,空间的形状和高大的窗户很大程度暗示了麦金托什对现代主义的兴趣以及他可以用现代主义手法玩出的花样。

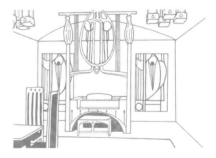

室内装饰

在住宅内部,麦金托什和他的妻子将他们对新艺术的热爱倾洒在艺术装饰墙上,以及一套为餐厅里的钢琴上部空间设计的装饰上。注意高靠背的餐椅,它们是这位建筑师的标志性设计。

门和窗

格林尼兄弟的杰作

塞缪尔·P·桑伯恩住宅（Samuel P. Sanborn House）于 1903 年建于加利福尼亚帕塞德娜（Pasedena）。这座房子由格林尼兄弟（Greene and Greene）设计，是工艺美术运动的典范。需要注意的是它的细节，特别是在门窗周围。虽然它们没有明显的装饰符号，但是它们精良的制作工艺，体现了工艺美术运动的理念。

无论房子的位置、大小以及是否进行装饰，在门和窗上都有很多东西可以设计。在现代建筑设计中，两者都被视为建筑外立面设计的关键点。窗子或门楣的形式往往能让人一眼看明白建筑师的理念和思想：半圆形拱门是古罗马式，尖拱代表哥特式，门上方的扇形灯是格鲁吉亚的特点，等等。

此外，窗框或门与其框架的材料，以及其建造的风格，也给出了重要的线索。坚固的木制镶板门与锻铁配件是工艺美术运动时期的标志，不对称的流动线条和有机形态的曲线造型窗户诠释了新艺术运动时期的风格。

新文艺复兴的门窗

历史因素决定了新文艺复兴风格的大门是非常正式的。门洞边缘是有凹槽的桩柱，顶部有一个沉重的装饰横梁，门廊的风格是基于古典建筑的理想主义。门被分成细长的两扇，使入口看起来显得正式。

新艺术运动的门窗

在建筑设计中制造惊奇一直都是不错的，但这种手法经常被忽视。这座新艺术运动风格的房子不甘平庸，因为它的窗户和阳台周围的奇妙形状而从它的邻居中脱颖而出。

装饰艺术风格的门窗

嵌窗玻璃——一种置于铅条框架之间的小玻璃窗——在 20 世纪初流行起来，装饰艺术设计师们成功地发挥了这项技术的效果，创造出与建筑风格相匹配的带图案的窗玻璃。

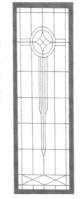

布扎体系的门窗

虽然风格与文艺复兴风格相似，但这座美丽的艺术门廊装饰方式更为自由，因此它更为宏伟。门柱和横梁较大，门廊本身是拱形的，雕刻的装饰在拱之间的拱肩上。

罗丝住宅

澳大利亚建筑师哈里·西德勒（Harry Seidler）为妻子建造了罗丝·西德勒住宅（Rose Seidler House，1948—1950 年）。这一设计体现了 20 世纪中期现代主义的趣味：白色外墙、平屋顶、超细的底层架空柱和整面墙开窗户。这种风格的住宅激励了一代又一代的建筑师，至今仍备受欢迎。

随着建筑技术在 20 世纪的发展，建筑师们开始重新审视门窗。它们不再必须是墙上的孔洞；相反，它们可以成为墙，或者被完全省略，留下一个虚空间。预应力混凝土、钢梁和其他轻质承重材料的发展意味着建筑师们几乎可以随意设计门窗的尺寸。这与现代主义的兴起相呼应，特别是国际风格（Internationalism），建筑师们争先恐后地创造更加通透的房屋。装饰门窗的时代已经一去不复返，现在设计所做的一切都是为了让它隐于无形之中。

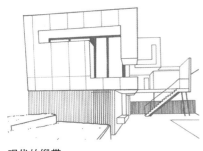

现代的绦带

　　这栋现代主义的房子位于美国纽约，建于 2009 年，借鉴了早期同类风格的住宅，将带形窗口应用在许多地方。在住宅的前部，带形窗接一个玻璃门，而在后部，带形窗变成了垂直的，创造有趣的内部景框和外部不寻常的形式。

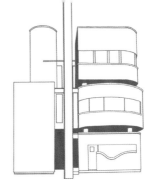

"墙屋"的窗子

　　约翰·海杜克（John Hejduk）的墙屋（Wall House，2001 年）是荷兰格罗宁根（Groningen）的一个与众不同的后现代主义住宅。建筑师创造了三个体块，每一个都有不同的几何形态和窗口形状。其结果便是一种奇特的后现代主义作品，它成功地与当时那些仿造古典建筑风格的住宅划清了界限。

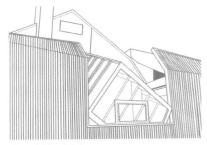

弗兰克的记录本

　　弗兰克·盖里住宅（Frank Gehry House，1978 年）位于美国圣莫尼卡（Santa Monica），是这位建筑师成名前的居所。这个设计实践了他的技艺，并创造了一个解构主义的房子，这座住宅有一个看起来好像要倒塌的玻璃日光房。

大杂烩

　　把不同的风格结合在一起是一种设计思路，但有时也应该遵守谚语"少即是多"。这所房子有一个在上层的凸窗（bay window）、半圆形扇形分格窗（semicircular fanlight）和多格扇窗（multipane sash window）。这种设计有些过于繁杂，但在大型开发商主导的房地产市场中却非常普遍。

特色建筑——流水别墅

美国最著名的建筑师弗兰克·劳埃德·赖特（Frank Lloyd Wright）设计了许多住宅，包括大宅邸和为工薪阶层家庭设计的美国风住宅（Usonian Home）。然而到目前为止，他最著名的房子是流水别墅（Falling Water）。这座别墅坐落于宾夕法尼亚斯图尔特镇（Stewart Township, Pennsylvania）的一条小溪的瀑布上，房子是一系列伸展在瀑布之上的"悬崖"，看起来仿佛漂浮在半空中。

这座房子于 1935 年竣工，1966 年被列为国家历史地标。赖特的悬挑式设计克服了在小场地上建造大房子的要求。

1991 年，流水别墅被美国建筑师协会（American Institute of Architects）选为"建筑史上最好的作品"，并被史密森学会"28 个生前一定要参观的建筑"列表收录（Smithsonian's Life List of 28 places to visit before you die）。

熊奔溪上的房子

熊奔溪（Bear Run）是流经别墅下方的小溪。可以从最低的悬臂下面看到建筑由巨大的石墙支撑。房子本身是由环绕着巨大垂直石墙的平台构成。

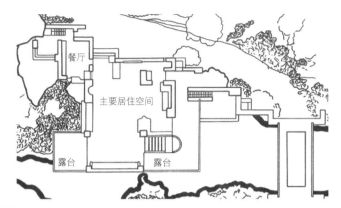

出色的布局

流水别墅的首层平面布局告诉了我们，弗兰克·劳埃德·赖特（Frank Lloyd Wright）是一位现代主义者。餐厅、主要居住空间和两个露台在空间和视觉上都是相连的，而厨房和工人房则被划分到后方的区域。

实践思想

流水别墅中悬挑本身就是建筑符号，一层一层向上堆叠。赖特的设计充分利用了这些堆叠体块的水平体量，通过层级创造了一个有内涵的、在场地中居于主导地位的房屋。

赖特之窗

这个角窗细节体现了流水别墅的设计与工艺的精巧之处。需要注意的是，高处的窗户是如何内开到书桌所在空间的；当客户要求为了使书桌可以更宽一些而将窗户去掉时，赖特就是这样处理设计矛盾的。

装饰

后现代主义住宅装饰

母亲住宅（Vanna Venturi House, 1959—1964年），坐落在在宾夕法尼亚的栗树山（Chestnut Hill），由罗伯特·文丘里（Robert Venturi）为他的母亲凡纳（Vanna）设计。这座住宅借鉴了现代主义建筑的设计，比如说它的带形窗。文丘里在设计中加入了戏剧性的、破碎的山墙和入口上方纤细的"眉毛"，创造了最早的后现代主义住宅之一。

人们常认为给住宅设计装饰是整个住宅设计的一部分，但有时候人们也认为这是一种愚蠢的手法。布扎体系和新艺术运动时期的建筑师们则乐于用各种艺术手法装饰他们的建筑，现代主义者努力追求功能主导的建筑形式，剥去所有不必要的装饰设计。总体上讲，现代主义者赢了。

如今，虽然大量的住房计划经常回到都铎王朝（Tudor）、维多利亚（Victorian）时代和格鲁吉亚（Georgian）的装饰设计中，但普通建筑师们已经接受了现代主义的设计方法，他们更倾向于寻找结构组合来美化它。其结果往往是一种摇摆不定的形式，最后留给房间主人的经常是两个时代中最差的产物。

新艺术运动住宅装饰

坐落于比利时布鲁塞尔（Brussels）的塔赛尔公馆（Hotel Tassel，1892—1894年），这个单人住宅的楼梯是新艺术运动建筑的一个美学典范。从墙壁装饰到地板砖，再到栏杆和楼梯口，每个建筑元素自然地从一个完美的曲线流动到另一个，这说明了建筑便是艺术。

未来现代主义住宅装饰

装饰可以采取多种形式，在这里建筑师在立面上嵌入孔栅（grid of holes），从而使建筑从内部到外部都活跃起来。没有这个装饰，墙体可能看起来尺度过大。而添加孔洞解决了这一问题，也造就了有趣的开窗风格。

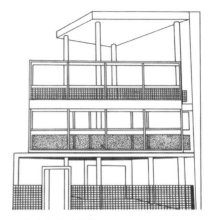

现代主义住宅装饰

阿根廷拉普拉塔（La Plata）的弯刀屋（Curutchet House，1949—1953年）像所有最好的现代主义建筑一样，使用了建筑的形式来吸引人。门廊悬在中间，还有置于窗前的网状遮阳板为内部空间遮阴，同时也具有强有力的设计感。

工艺美术运动住宅装饰

表达工艺和材料运用的美是工艺美术运动的核心，这扇门的设计便展示了如何做到这一点。制作精美的木工和彩色玻璃，都遵循这种风格要求，它们是纯手工制作的。

集合住宅

简介

家是艺术的所在

米拉公寓（Casa Milà，1910 年）位于西班牙巴塞罗那，是一座独特而美丽的公寓楼，由新艺术运动时期的建筑师安东尼·高迪（Antoni Gaudí）设计。建筑波浪形石材立面、异乎寻常的锻铁阳台和内部弯曲的墙壁，搭配着像泛着涟漪的金属丝带的楼梯栏杆。

在西方世界，工业革命是建设集合住宅（mass housing）的主要推动力。集合住宅，即为了很多人而建设的相互紧挨着的住宅建筑。随着工厂和仓库的兴建，资本家需要大量住在工厂附近的工人以保持生产。他们挨着工作场所修建了小房子，由此创造了第一批集合住宅。

这些发展为未来几年中心城区住宅建设的蓝图奠定了基础。今天，我们仍可以从很多城市中的联排式住宅中看到最初的身影：工人们昔日的家园，大多成为 21 世纪理想的城市住宅。

但是，集合住宅很快就不再是这种一排排的小型个体住宅了。建筑师们认识到了房子彼此堆叠的效率，并且将这种理想与新的材料技术，如钢筋混凝土相结合。他们开始时建立的是低层街区，后来是可以让很多人居住的中高层建筑。

19 世纪末到 20 世纪初，建筑师们开始将集合住宅设计成古典风格以适应时代潮流，但很快现代主义建筑师们掌握了住宅设计领域的话语权，他们利用混凝土的优越性能，创造出了宏伟巨大的集合住宅。

这些建筑中最优秀的作品沿用至今，人们要付很多钱才能住在里面。然而，不够好的城市规划和设施的缺乏，使 20 世纪初到 20 世纪中期的集合住宅设计深陷泥沼，很多房屋后来被推倒或被改良，以使其在 21 世纪具有可住性。

现代主义高点

高端公寓（Highpoint, 1935 年），位于英国伦敦的海格特（Highgate），由俄罗斯建筑师贝特洛·莱伯金（Berthold Lubetkin）设计。该建筑共有 64 间公寓，外墙雪白无暇。这个设计是国际风格建筑的典范。

建筑原型

现代主义集合住宅

卡尔·马克斯大院（Karl Marx Hof，1930年）是一个巨大的早期现代主义公寓楼，建造于奥地利的维也纳郊区，可容纳5000人。设计具有装饰艺术特征，但是他的设计者卡尔·恩（Karl Ehn）却是花园城市运动（Garden City Movement）的追随者，许多现实主义者也支持该运动。

集合住宅并不总是指巨大的公寓楼。建筑师们设计过许多不同类型的集合住宅，比如拥有许多长得几乎一样的独栋住宅的私人庄园或地产，或者一群群复式公寓和高楼大厦。

然而，贯穿这些设计的共同线索是容积率——可以在相对较小的区域内容纳的人数。在开发商和住户的眼中，这是集合住宅成败的关键。

一个设计良好的集合住宅建筑方案将舒适地容纳其用户并满足他们的需求；一个设计拙劣的项目将使其用户痛苦不堪。

布扎体系集合住宅

英国伦敦的布扎艺术集合住宅（Beaux Arts Building，1908—1911年）因其风格而得名，在英国城市的街道上至今仍随处可见这种经典的红砖和石灰石建筑。古典的细节设计围绕着入口，拱形窗户上方设计了断山花，是个令人印象深刻的设计。

外廊式建筑

这个集合住宅的中央庭院展示了建筑每一层的外部走廊，外廊将住宅与楼梯和每一层的电梯连接起来。这是外廊式建筑（deck access）最显著的特点，世界上许多中高层住宅项目都采用了这种设计手法。

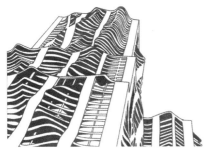

未来现代主义集合住宅

纽约曼哈顿的云杉街8号（8 Spruce St，2006—2010年），是位于纽约市高楼林立的曼哈顿的一幢摩天大楼，也是建筑师弗兰克·盖里（Frank Gehry）设计的第一个集合住宅项目。这座建筑是由闪闪发光的波纹不锈钢外壳包裹着内部的豪华公寓，奢侈得有些过分。

大中型住宅

这是20世纪50年代在欧洲建造的典型的集合住宅。第二次世界大战后，住房需求迅速增多，欧洲建造了这些几乎不考虑便利设施或生活质量的大型中高层住宅。今天，它们成了贫民窟，只有穷人居住在那里。

装饰艺术集合住宅

使馆公寓（Embassy Court, 1936 年）位于英国布赖顿（Brighton），它俯瞰着南海岸，路过此地一定要去参观一下。装饰艺术风格明显地体现在退台式楼层和在沿街拐角处的美丽弧形窗口上。它现在是城市里人们最向往居住的地方之一。

如前文所述，集合住宅有不同的类型。在美国，最普遍的情况是郊区的底层住宅小区（subdivision），大多数城镇周围都会围绕着这种低矮的集合住宅区。美国的建筑环境以这种方式发展，是由于这个国家地广人稀。相反，新加坡、日本等地的这种低层开发项目非常少，居民住在向天空延伸的高层公寓里。无法确定哪种类型的住宅对居民来讲更好。然而，大多数人都只在一种环境中长大，有的人希望住在低密度的庄园里，有的人希望住在高层中，众口难调。而建筑师们要做的就是尽可能让每个人都能实现心愿。

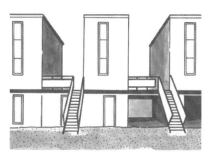

半个房子

在智利，购买"一半已经建好，剩下需要自己设计的房子"的概念正在发展中。蒙罗伊住宅（Elemental）就是体现这一概念的项目，该项目中厨房、浴室、洗衣房等服务组团的硬装是由开发商建造的，然后业主自由设计并建造剩下的空间和他们自己的卧室。

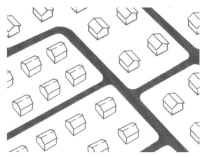

大规模低层住宅

这幅郊区的鸟瞰图展示了美国各地此类开发项目的布局原型。每栋独立的住宅前都有车道，周围都有草坪。相邻的房屋在细节设计上并不完全相同，但在整个开发区中只有几个不同的样板。

粗野主义集合住宅

建筑师张伯伦（Chamberlin）、鲍威尔（Powell）和本恩（Bon）设计了位于英国伦敦的巴比肯屋村（Barbican estate）。作为一个城市内的社区，它具有配套的商店、学校和文化建筑。居民们住在由粗糙的混凝土制成的中高层建筑中，这是粗野主义建筑（Brutalist Architecture）的一个极好的例子。

酒店式公寓

酒店式公寓（condos）是一种为豪华的城市生活而发展的概念。在迪拜，一群公寓大厦俯瞰着海港，提供了高水平、高价格的最佳视野。这些塔楼中的每一套住宅都拥有各式各样的奢华设计。

材料与构造

现代管理学

莫瑟·萨夫迪（Moshe Safdie）为加拿大蒙特利尔的 67 届世博会设计的栖息地 67 号（Habitat 67，1967 年）是一个独特的住宅开发项目，由 354 个相同的预制混凝土箱体构成。1~8 个箱体构成一个模块，最终形成 146 个生活组团，每个组团都包括一个私人平台。

　　集合住宅最早是由工厂股东和一些工商个体户开发的，用来给工人提供接近他们工作地点的住处。因此，它们都是用各种各样最便宜的材料所建造的。除了豪华的酒店式公寓以外，几乎所有其他的案例都具备这一特征。

　　基于以上原因，设计师们所选的建筑材料和设计方法都倾向于快速的、可重复的。而这一理念很受现代主义建筑师们欢迎，他们利用混凝土来建造大型集合住宅，能够提供数百人居住。

仿古砖

廉租公寓（tenement）和排屋（terraced housing）是最初的两种集合住宅形式。这些房屋是背对背修建的，狭窄的巷道贯穿在后院之间。这些建筑建于19世纪末，是如今集合住宅开发的先驱。

创造空间

巴罗巴克纳小区（The Baronbackarna Complex）位于瑞典的厄勒布鲁（Orebro，Sweden），由怀特建筑师事务所（White Architects）设计于1951年。这是一个优秀的大规模开发项目，它的成功归于包含了大量的户外步行空间——花园、小径、自行车道等——这些都鼓励居民作为一个社区聚集在一起。

木头很棒

如今，建筑师们正在寻找比混凝土更可持续的资源来建设集合住宅，木材也越来越普遍地被使用。这个在奥地利的项目从表皮到结构都使用的是木材。

未来派巨物

西蒙斯楼（Simmons Hall，1999—2002年）是一个规模宏大的学生公寓，位于美国马萨诸塞州（Massachusetts）剑桥市（Cambridge）麻省理工学院。该建筑由史蒂芬·霍尔（Steven Holl）设计，共包含350个居住单元，外加剧院和餐厅。每个房间都有多个方形窗户，而走廊采用了有机形状的窗口，使建筑立面充满活力。

集合住宅一直以来都是按有限的预算设计的，无论是工人住宅、公寓，还是像学生宿舍这样的短住集合住宅都是这样。尽管如此，人们仍然期望建筑师们能做出一些值得注意的东西，即使是最便宜的设计也必须吸引用户。

在现代社会，人们使用了各种不同的技术来实现这一点。到目前为止，在形式和颜色上做文章是最常见的手法。通过引入一些奇特的元素，就能让最平凡的设计变得鲜活起来，而且只需要很少的额外支出。比如说引入一个圆形的窗口，或是添加覆层将巨大的立面划分成彩色的带状。这样所带来的好处是不可估量的，它的后续影响提升了设计品质，同时将庞大呆板的街区变成让居民着迷的地方。

迈向绿色

贝丁顿（BedZED，2000—2002 年）是一个名字古怪的生态社区，它位于英格兰南部，由比尔·邓斯特建筑事务所（Bill Dunster Architects）设计。联排别墅的主要特色是玻璃阳光房（Winter gardens），它在冬天收集热量，屋顶上还设有大型彩色通风罩。该社区是首批实现碳中和（carbon neutral）的项目之一。

新表皮旧街区

立面更新是升级现存老旧住宅楼最快也最便宜的方式之一。新覆层为外部增加了额外的气候防御功能并改善了隔热性能，同时也更新了建筑外观。

光荣岁月

这座高层住宅楼建于 20 世纪 70 年代初，大多数英国人都认为这是他们城市景观的一部分。预制混凝土和填充板的使用让塔楼很快就完工了，但是随着它们的老化，这座建筑没过多久就变得"碍眼"且不宜居住。

俄罗斯"订书机"

这座巨大的建筑是在俄罗斯建造的综合性开发项目。它的特点是上部作为住宅，底层作为商铺和快餐店。这种粗野主义（Brutalist）设计遍布俄罗斯和东欧大部分地区。

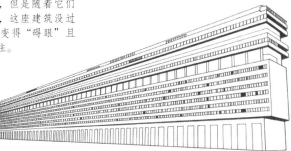

特色建筑——马赛公寓

法国马赛公寓（Unité d'Habitation，1952 年）超过 12 层楼高，可容纳 337 户。虽然它不是规模最大的，但却是最有影响力和最有名的公寓之一。这座现代主义建筑由勒·柯布西耶（Le Corbusier）设计，也被称为"光明城"（la Cité Radieuse，Radiant City），它的建造原则是成为一座自给自足的城市。建筑内有一家餐馆、设有商铺的内部街道以及一个医生诊所，屋顶上还有休闲设施。

建筑内部每三层设有一个走廊以便于人的出入。这些居住单元横跨建筑物的宽度，让光线能够照射在住宅的两端。

色彩判断

公寓阳台内的彩色面板打破了马赛公寓朴素的混凝土结构和立面。勒·柯布西耶（Le Corbusier）在设计方面得到了艺术家、建筑师纳迪尔·阿丰索（Nadir Afonso）的帮助，这些设计都是受他的影响。

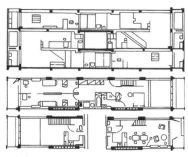

公寓布局

上图展示了两个公寓的布局，它们都从中央核心走廊进入。上面的公寓横跨顶层，还包含中间层的右边部分；下层公寓横跨最低层和中间层的左边部分。

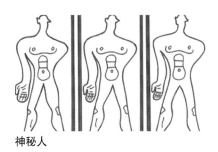

神秘人

嵌在公寓混凝土墙上的是模度人（Modulor Man），这幅浮雕不仅仅是一件艺术品，还是柯布西耶设计的测量标尺。他创造了一种基于男性身高 1.83 米的比例测量工具"模度"，然后在进行建筑设计和室内设计时把这个"模度"作为衡量标准。

屋顶之上

这座建筑特色在于它的跑道、儿童艺术学校和嬉水池，以及一面独立的巨大竖墙，作为舞台背景和放映电影的屏幕。柯布西耶希望居民们能够充分利用这幢大楼的每一寸空间。

中街

这条两层楼高的内部街道包括书店、杂货店和医生诊所，以及一些提供给小型企业（包括建筑师）的办公空间。柯布西耶意在为居民设计一座城中城。

门和窗

门和窗纯粹的功能作用在建筑物中是显而易见的：为居民提供出入口，并允许景观和自然光进入室内空间。从这方面来看，现代主义建筑严格执行了这一点，但同时它们缺乏异想天开的装饰，这使门窗显得平淡无奇，没有任何不必要的特征。

另一方面，表皮上的开口让建筑设计有机会更加活跃，因此在某种程度上，强调它们是使立面"流行"起来的完美方式，而非为了装饰而装饰。本节将说明建筑师们如何在集合住宅中充分利用门窗。

好玩的方法

德国达姆施塔特（Darnstadt）的螺旋森林（The Waldspirale，2000 年）是由艺术家弗里顿斯莱希·汉德瓦萨（Friedensreich Hundertwasser）设计的一个住宅综合体。它的先锋派风格体现在一千多个窗户上，它们中没有哪两个是相同的，而且每扇门都有不同风格的把手。

婀娜多姿的装饰

弗洛林公寓（Florin Court，1936年）位于英国东伦敦，是查特豪斯广场（Charterhouse Square）周围最高的建筑物。这座装饰艺术风格的建筑（Art Deco building）有一个优美的曲线表面，上面的窗户卷曲成凹凹凸凸的形式。

当代玻璃

这个丹麦的学生公寓没有定制任何窗户或门，但建筑师用它们的前后凹凸来打破立面，形成了一个引人注目的设计，其中落地窗成为这场"秀"的主角。

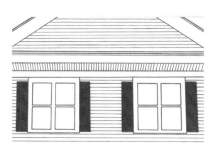

古典愿景

这个全新的住宅开发项目位于美国，建筑师从古典建筑中获得了设计灵感。门和窗都是用18世纪和19世纪常见的小窗格式设计的。

现代化的入口

这座现代公寓楼的入口一点也不突出，而是十分低调的，它的开口嵌在建筑立面的凹陷部分。而建筑师巧妙地选择了白色门框，使入口与窗户区分开来。

集合住宅项目所需的窗户数量很多。无论建筑师是现代主义者、古典主义者还是其他流派的拥护者，他们在设计窗洞、窗框和其他部件时都倾向于选择标准尺寸。

标准化带来了一致性，十分受现代建筑师们的青睐。标准化源于工业化又发展了工业化，通过精简建造方法，将成本降至最低。但也有例外，比如螺旋森林（Waldspirale）。大多数时候即使是后现代主义的住宅也倾向于门窗标准化，比如中国香港的傲璇大楼（Opus）。

扭

由弗兰克·盖里（Frank Gehry）在中国香港设计的住宅开发项目傲璇大楼（Opus，2012年）是一座扭曲的塔楼，具备各种综合功能。尽管建筑本身非常独特，但是盖里在设计中仍然选择标准化门窗，从而降低了建筑成本。

粗野的美丽

伦敦布伦瑞克中心（Brunswick Centre）由帕特里克·霍奇森（Patrick Hodgson）设计于 20 世纪 60 年代。所有公寓都采用了玻璃阳光房（winter gardens），就像每个家庭建造的迷你温室一样，这些拥有特殊窗口的房间为粗野主义建筑提供了充满光线的空间。

古典的宣言

这座位于西班牙的街角建筑是布扎体系的典型例子，它集合了该风格中所有奇异的手法。门窗随着建筑逐层变化，成为城市的标志之一。

古怪的架构

关于法国巴黎的高架桥庙（Le Viaduc et le Temple，1982 年）的立面和窗户：窗户设置在一个有混合丰富图案和纹理的立面上，还有两个鸡蛋形状的突出部分。它的设计与众不同，将古典形式与后现代主义的古怪设计融合在了一起。

特色建筑——VM住宅

尖刻的主题

有了现代的材料和新技术，建筑师们可以实现各种各样的疯狂设计，VM住宅当然也属于这一类。从建筑中伸出的三角形阳台几乎不受地心引力的影响，它让整个公寓大楼活跃了起来。

这座非凡的集合住宅开发项目被称为VM住宅（VM Houses，2004—2005年），位于丹麦哥本哈根（Copenhagen，Denmark）。它的名字来源于两个形状分别是"V"和"M"的街区，这个项目由丹麦JDS建筑事务所（JDS Architects）设计。街区内的公寓延伸至整个建筑的宽度，允许光线从两端进入，与勒·柯布西耶（Le Corbiusier）的马赛公寓（Unite d'living）类似。在两个街区内共有209个住宅单元，包括80多个大小不同的布局以适应各种居住需求。

这座未来现代主义风格的建筑既梦幻又实用，突出的平台将视线和视野引向景观，而不是直接指向另一个公寓。

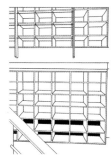

内置存储

在集约的公寓建筑中，空间一直是一个问题。但通过设计，建筑师实现了公寓中居住面积的最大化，同时也创造了有趣的内部美学。

复式生活

设置一组楼梯能让一个地方感觉大了很多。这些公寓几乎都是复式公寓，从而给相对较小的住宅赋予了高度感和空间感。

私密的小角落

阳台不仅看起来漂亮，而且还鼓励居民眺望周围的环境和远处的风景，使人们从高密度的生活中脱离出来，这正是当今城市社会的必需品。

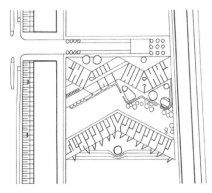

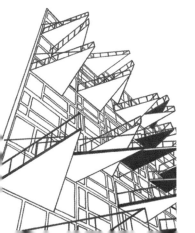

VM 布局

看过平面图之后就能理解这个居住区的名字。如果它们是两个面对面的直线建筑，那么建筑师创造的空间感就会完全消失。所以，一点"先见之明"就能产生充满智慧的设计。

装饰

建筑的表情

荷兰阿姆斯特丹（Amsterdam）的船公寓（Het Schip，1919年）由米歇尔·德·克拉克（Michel de Klerk）设计。建筑师的表现主义风格造就了这个住宅方案，它包含102个古怪的居住单元，正如这个美丽的尖顶一样，充满了设计惊喜。

如何把只是简单堆砌的房屋变成漂亮的、炫酷的或者至少不那么难看的？这是设计师们多年来一直在问的问题，因为在20世纪中期的许多住宅开发项目中，让这些大体量建筑看起来不同于"常规设计（institutional）"很难。

但建筑师们是一群有独创性的人，他们的各种客户会在装饰集合住宅时产生很多想法。此外，他们非常清楚，缺乏天赋、个性和创造力的"常规设计"（institutional）在20世纪50年代会迅速失宠。之后的集合住宅设计在尺度上会更人性化，也更美观。

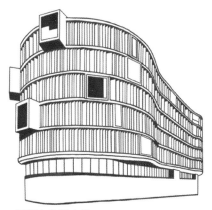

五颜六色的皮肤

这个住宅项目称作圆弧住宅（Arc en Ceil），位于法国波尔多（Bordeaux, France）。建筑由彩色玻璃遮阳板包裹，遮阳板的作用是为公寓遮阳，并在立面上形成彩虹的颜色。

来自大自然的灵感

等离子工作室（plasma studio）利用了周围的环境和自然材料，设计了这座位于意大利白云石山脉（Dolomite Mountains）的公寓楼。建筑造型令人联想到山脉，建筑的覆层材料来自当地的落叶松。

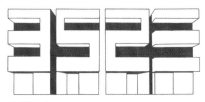

数额巨大

将住宅编号作为主题是另一种不同的设计方法，这正是 2007 年日本大阪穗积台住宅（Hozumidai house）采用的方式，该项目由松浪光伦建筑事务所（Mitsutomu Matsumani Architects & Associates）负责，该事务所用这种手法设计了一系列公寓。

形式就是装饰

颠覆常见的建筑形式会带来出乎意料同时引人注目的效果，比如皮特·布罗姆（Piet Blom）设计的位于荷兰鹿特丹（Rotterdam, Netherlands）的立方体住宅（Cube Houses，1977 年），大约 39 座房屋立在六边形的柱子上，墙壁倾斜成令人匪夷所思的角度。

宗教建筑

简介

新宗教

由现代主义大师奥斯卡·尼迈耶（Oscar Neimeyer）设计的巴西利亚大教堂（Cathedral of Brasilia，1958—1970年），是一个完美的现代主义风格的宗教建筑范例，它让人们一想到宗教建筑时，会有宏伟美丽的印象。

在很久以前，住宅、博物馆和办公大楼还没有成为令人兴奋的标志性建筑，宗教建筑才是杰出的建造师和建筑师关注的中心。基督教堂（church）、犹太教堂（synagogue）、清真寺（mosque）、寺庙（temple）或小礼拜堂（chapel）几乎是每个村庄或城镇的中心，它们是社区中最重要的建筑之一。同样，因为它们的重要性，这些建筑也最令人印象深刻。

古典的基督教堂、主教座堂（cathedral）和庙宇是高耸入云的。它们的石墙厚重，高塔、尖顶和圆顶在周围几公里的天际线上独树一帜；任何建筑都不允许建得比它们高大。在西方世界的建筑风格中，如罗马、哥特式和巴洛克风格中，产生了一些有史以来令人印象深刻的建筑，其中许多至今仍屹立不倒；而东方的佛教、印度教等不同的宗教，为宗教建筑的设计者提供了截然不同的灵感，因此产生了与西方迥然不同的宗教建

筑风格。

然而，随着现代社会的到来，在最后一批受到古典主义启发的宗教建筑建立以后，人们对待宗教建筑的态度开始发生变化。建筑师们敢于以一种新的风格来设计敬拜的场所，他们改变了传统的塔尖和圆屋顶、平面布局和入口的形式。

一些建筑设计的尝试失败了，它们的设计太过激进，让人们无法联想到宗教场所。然而，在建造那些赞美、崇拜神的建筑的同时，技艺高超的建筑师们仍然尝试用现代主义的手法进行设计构思。他们设计的建筑，与传统的宗教建筑毫无相似之处，但这些建筑与信徒产生了共鸣，信徒理解了这种非传统的建筑语言，并激发了信徒的崇拜感。

宗教建筑被现代主义彻底改变了，以至于有些人可能会说，建筑本身就是一种宗教。

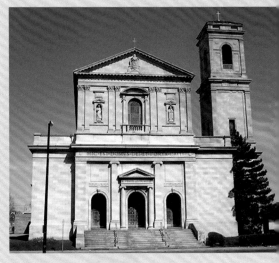

最后的努力

美国布法罗（Buffalo）的圣杰拉德教堂（St Gerard's Church，1911 年）是古典宗教建筑的一个很好的例子，直到 20 世纪初，它依然影响着宗教建筑风格。这座建筑非常雄伟，同时又展现出良好的设计控制力，是新文艺复兴风格的最杰出代表之一。

建筑原型

装饰艺术风格教堂

位于美国芝加哥的麦当娜·德拉·斯特拉达教堂（Modonna della Strada）是打破古典宗教建筑范式的典型例子。它是芝加哥洛约拉大学（Loyola University）校园中的一座教堂，建于1938年。它的造型仍然延用古典主义范式，但细部和装饰设计都采用了装饰艺术风格。

图腾源于信仰，宗教建筑的原型不但与所属宗教联系紧密，与建筑的地理位置和建筑师的个人风格偏好也同样关系密切。

我们可以从古典时期及以前的任何宗教建筑中看到这一点：基督教建筑倾向于使用尖顶和塔楼；印度教寺庙使用穹顶；穆斯林的礼拜场所使用尖顶和尖塔等。然而，随着现代社会的发展，建筑师们将宗教建筑的设计风格发展到新的层次，并成功地将那些基于宗教信仰的符号与更为激进的设计结合起来。

在这部分中我们可以看到，设计新的基督教堂、犹太教堂和寺庙是一项挑战，但同时也是一个创造极尽奢华的建筑的机会。

粗野主义教堂

中国香港 O 工作室（O Studio）的建筑师在惠州的罗浮山（Mount Luofu, Huizhou）上设计了一座混凝土的种子教堂（Church of the Seed，2010 年）。这座粗野主义建筑用竹子为模板浇筑墙体——可以看到建筑外表面的垂直线条。

当下的现代主义

爱丁堡（Edinburgh）的圣阿尔伯特教堂（The Chapel of St Albert the Great）是由辛普森（Simpson）和布朗（Brown）设计的，2013 年竣工。这座建筑采用的石墙做法历史悠久，古代的聚落建筑也曾采用这种做法，而低矮的屋顶和树状的支撑却是非常现代的设计策略。

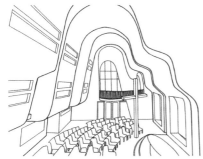

未来现代主义的室内设计

这座建筑的天花板是起伏的，座椅的摆放位置也很特殊，与其他任何的宗教建筑都不一样。这是未来现代主义的原宿教堂（Harajuku Church，2006 年），由西埃尔·罗赫（Ciel Rouge）在日本设计并建造。

现代主义

建于土耳其伊斯坦布尔（Istanbul）的耶尔瓦迪清真寺（Yesil Vadi Mosque，2010 年），该建筑的设计在很多方面都是不同寻常的，其中最引人注目的是它屋顶的球面形式。白色石材的外表皮在阳光下闪耀着光芒，建筑的形式与周围一切其他的建筑物形成了鲜明的对比，它为城市创造了更加引入注意的景观。

现代清真寺

巴基斯坦伊斯兰堡（Islamabad）的费萨尔国王清真寺（King Fasail Mosque，1987年）是现代主义影响下的伊斯兰建筑的典范。它的体量巨大，具备所有传统清真寺的必备元素，但形式十分独特，吸引了很多人的注意。

信徒对教堂或清真寺这样的建筑，有强烈的依恋感。重新设计它们，并不是一项轻松的任务。在设计一座不同于之前的宗教建筑时，建筑师们需要采取一种适当的方式。设计的诀窍通常在于使用宗教的图案、形式或其他易被信徒识别的重要元素。

此外，建筑师们在设计宗教建筑时，通常会将尺度做得很夸张，像是要把它们建到和天空一样高，并声称这样的设计是对神的赞美。这种技巧在世界各地宗教建筑中广泛使用。可以注意到大多数宗教建筑的尺度都不小，给人一种壮丽感。

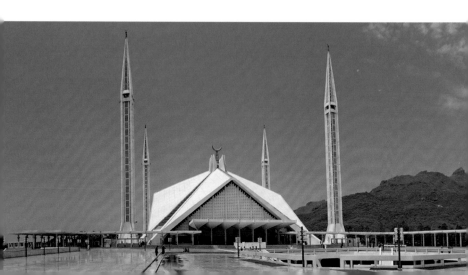

工艺美术运动时期的教堂

这个工艺美术运动时期的建筑是基督教科学派第一教会所在地（the First Church of Christ Scientist，1910 年），建于美国伯克利市（Berkeley）。比起教堂，它看起来更像一座豪华的房子。它由伯纳德·拉尔夫·梅贝克（Bernard Ralph Maybeck）设计，并于 1977 年被列为美国国家历史遗迹。

融合风格教堂

中国香港铜锣湾（Causeway Bay）的圣玛丽教堂（St Mary's Church，1937 年）是西方建造技术与东方设计美学融合的典范。巨大的红砖墙在中国香港并不常见，但它们与中国文化影响下的重檐屋顶实现了融合，给人以自然壮观的感觉。

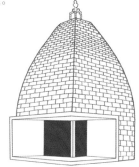

古典的形式，现代的理想

这个美丽而简单的湿婆寺（Shiv Temple，2010 年）位于印度的马哈拉施特拉邦（Maharashtra），由山姆和巴多联合建筑事务所（Sameep Padora Associates）设计，由村民用当地的石头和木材建造。建筑师把所有的装饰都去掉了，将设计简化为纯粹、古典的形式。

表现主义教堂

冰岛的哈尔格里姆大教堂（Church of Hallgrimur）是这个国家最高的教堂之一。它由戈登·萨穆埃尔松（Godjon Samuelsson）设计，建造历时 38 年，最终于 1986 年完工。独特的塔楼形式是受到了冰岛玄武岩熔岩流的启发。

材料与构造

混凝土小房间

勒·柯布西耶（Le Corbusier）在法国埃夫克斯（Eveux）设计了拉图雷特修道院（Monastery of StMarie de la Tourette, 1956年）。这座修道院与他的住宅项目风格相似，但给人的感受更加冷酷。睡觉用的小房间与用餐的大开放空间形成对比，所有空间都设置在一个混凝土外壳内。

宗教建筑在建成后几乎都会存在很长的时间；历史上，它们以"永恒"的标准建立，没有其他任何的建筑类型能与之相提并论。我们可以比较英国都铎王朝时期木制粉刷的房屋和石头教堂，一种以木头、黏土和稻草为原料，另一种使用从岩石中凿出的石材。后者总是会存在更久。

在大多数情况下，现代的基督教堂、清真寺、庙宇和犹太教堂也是如此。随着新材料和新技术的发展，建筑师们不再使用传统的材料和技术。因此，混凝土成了激进的现代主义者的最爱，而石头被以不同的方式切割，作为新的表面材料和新的形式。

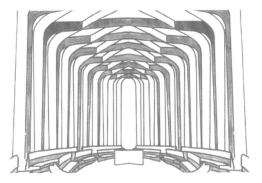

现代的拱

英国里庞学院（Ripon College）的爱德华国王教堂（Bishop Edward King Chapel，2013年），展现出了内部框架结构的细长之美。无论拜访者是否信教，他们都能意识到这是一幅美丽的图景。拱作为传统教堂建筑的一个元素，在现代设计中实现了现代化。

金属塔尖

塔尖是宗教建筑的另一个典型元素。在这个建筑中，17个覆着铝镀层的管状钢结构的塔尖排成一行，给人直入天空之感。右图这座建筑是美国科罗拉多州埃尔帕索市（El Paso, Colorado）的空军学院学生教堂（The Air Force Academy Cadet Chapel，1962年），由斯基德莫尔（Skidmore）、欧文斯（Owings）和梅里尔（Merrill）共同设计。

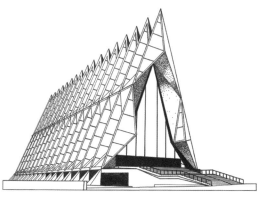

弯曲的混凝土

左图是意大利罗马的千禧教堂（Jubilee Church，2003年），可以看见其三个混凝土曲面并立。该预制混凝土形式是由理查德·迈耶（Richard Meier）设计的，他声称这种形状是隔热策略的一部分，能够使建筑物内部保持凉爽。

优雅的玻璃

美国加利福尼亚州帕洛斯弗迪斯市（Rancho Palos Verdes, California）的旅人教堂（Wayfarers Chapel, 1949—1951年），是由弗兰克·劳埃德·赖特（Frank Lloyd Wright）的儿子小劳埃德·赖特（Lloyd Wright）设计的。这座建筑有着漂亮的木作工艺和透明的大玻璃窗，在宗教建筑中很不寻常。

无论采用什么材料，宗教建筑的造型和感觉都必须是特别的，甚至是纪念性的。考虑到这一点，建筑师们需要运用很多技巧，即使利用最平凡的材料，也要创造出美妙的东西。混凝土可以被塑造成任何你能够想象到的形状；玻璃也不需要保持透明或无色；木头可以被精雕细刻，展现出复杂的细部。

要实现这些理想，需要运用建筑技术，将古代和现代相结合。计算机辅助设计是很普遍的，但是"开明的"设计师们也会关注过去，关注手工艺达到顶峰的时代，重新发展旧的工艺，并把它们应用到新的建筑设计中。这种方法在艺术和工艺设计中很普遍，也仍然适用于21世纪的新建筑。

混合的材料

    位于美国旧金山（San Francisco）的贝斯沙洛姆犹太教堂（Beth Shalom Synagogue，2008 年）是一个全新的宗教建筑，它用一种与传统完全不同的方式诠释了"信仰"。它有全新的形式，使用了引人注目的当代材料——金属和塑料，这两者彰显了它作为 21 世纪现代建筑的个性。

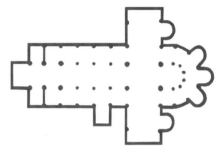

传统的大教堂平面图

    从前（在现代主义建筑革命之前），几乎所有的教堂都是按照这种十字形平面而建。然而，今天的信徒和设计师们对形式的态度更加宽容了。教堂有了许多不同的形状和规模。

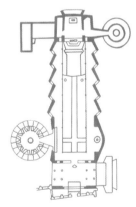

现代的大教堂平面图

    英国的考文垂大教堂（Coventry Cathedral，1956—1962 年）展示了现代主义如何颠覆传统的十字形平面。它的外观仍然是直线型的，但却有不对称的元素；内部将传统的十字形平面做了变化，进而改变了建筑物的外部立面和形式。

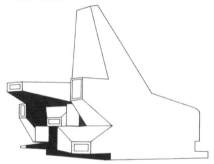

金属的宗教建筑

    位于西班牙里夫斯瓦西阿德里德（Rivas Vaciamadrid）的圣莫尼卡教区教堂（Santa Monica Parish Church，2009 年），由维恩斯和拉莫斯建筑师事务所（Vicens & Ramos Arquitectos）设计，是最不寻常的宗教建筑之一。它突出的外立面是用耐候钢板建造的，这种材料被氧化而展现出一种锈蚀的效果。

特色建筑——合一教堂

混凝土崇拜

建筑朴素的灰色外立面看起来有些寒酸，但这是弗兰克·劳埃德·赖特（Frank Lloyd Wright）对混凝土的致敬，这种新材料将彻底改变建筑的建造方式。

合一教堂（Unity Temple）建于1905~1908年，地处美国的橡树园（Oak Park），它是由建筑大师弗兰克·劳埃德·赖特（Frank Lloyd Wright）设计的众多宗教建筑之一。这座建筑完全用钢筋混凝土建造，这在当时还是一种全新的材料，今天看来仍是杰作。

在这座建筑中，赖特没有设置位于视平线高度的窗户，这样可以减少街道噪声。光线通过屋顶和墙壁高处的天窗进入。室内的绿色和棕色的配色方案让人联想到自然。赖特也运用了他标志性的几何图案，因此有些人可能会讲，这有点像装饰艺术的处理手法。

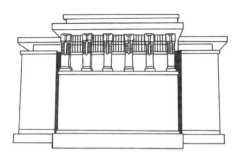

现代列柱

　　教堂的外部装饰重点几乎完全集中在正立面的一排柱子上。柱子方形面上的几何图案可以追溯到埃及或玛雅人的传统图案——赖特在他的许多建筑上使用了这种设计。

内部细节

　　合一教堂（Unity Temple）的建筑设计都是以正方形为母题的。这栋建筑的平面是完美的正方形，赖特采用了这个几何母题，并将其应用于一切，包括室内装饰。如右图中所示，天花板上的正方形天窗位于木骨架上，定制的灯具有两个正方形和一个圆形的扩散器配件。

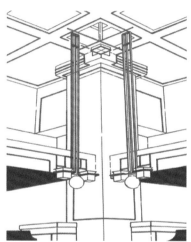

横截面"切开混凝土"

　　赖特最初的设计手稿非常详细。左图展现了其中的一个剖面。需要注意的是，图中涂成黑色的结构部分，它们都是钢筋混凝土，这其中包括了阳台和屋顶的结构。

门和窗

光彩照人的玻璃

在 2008 年 完 成 的位于加利福尼亚州 奥 克 兰 市（Oakland, California）的基督之光大 教堂（Cathedral of Christ the Light），是由斯基德 莫 尔（Skidmore）、奥 因 斯（Owings）和梅里尔 （Merrill）设计的现代主义 罗马天主教堂。这座建筑 所有的外立面几乎都是玻璃。整座建筑像一个巨大 的窗户。

从古代建筑时期到古典主义建筑时期，甚至直至 今日，信徒们始终认为教堂的入口大门应该通过摆放 神像的方式来加以强调。一些人认为，窗户是让圣光 进入内部的媒介，在建筑方面也有特殊的处理方法。

20 世纪的建筑师们在设计宗教建筑的门和窗户时， 觉得没有必要复制旧的风格；他们选择一种建筑风格， 特意把风格体现到建筑的关键要素上。事实上，宗教 建筑的门窗是进行展示的最佳场所。

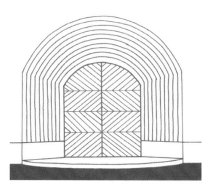

新古典主义教堂

丹麦哥本哈根（Copenhagen）的格伦特维教堂（Grundtvigs Church），于 1940 年建成。它是一个路德教会礼拜堂，也是表现主义建筑的一个范例。门的形状像一个古典罗马拱门，但砌砖的细节、门的构造和把手都受到了现代主义的影响。

有机的灵感

芬兰的寂静莉莉亚小教堂（Lilja Chapel of Silence）是一个临时建筑，于 2012 年建造完成。设计采用了一种全新的彩绘玻璃窗户（pictorial leaded glass window），绘制的纹路灵感来自于树的形状。设计的重点放在展现大自然的美上。

现代游行圣歌的入口

利物浦大教堂（Liverpool Metropolitan Cathedral，1962—1967 年）的入口，参照了世界各地各种风格的古典教堂的阶梯做法，展现出现代的面貌。在这个激进的后现代主义设计中，建筑师采用了古老的元素。

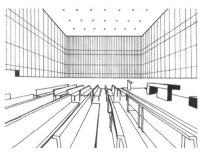

透明的丝带

智利的雷蒂罗教堂（Chapel del Retiro，2009 年）由安杜拉加·德韦斯建筑师事务所（Undurraga Deves Arquitectos）设计。它采用了透明的玻璃墙，让光线浸入，建筑物的上半部分如同飘浮在空中，让人产生建筑不受地心引力影响的错觉。

一个点的力量

彼得·辛姆托（Peter Zumthor）设计的这座很小的克劳斯兄弟田园教堂（Bruder Klaus Field Chapel, 2007年），是极简主义的代表作。它唯一的装饰是这个不寻常的三角形门。这扇门本身并不大，但它对设计的影响是巨大的，这要归功于建筑师的减法设计。

门和窗可以数量极多，尤其是应用于宗教建筑的门和窗。除非建筑设计真的很不寻常，否则实际的入口大小通常是根据人体尺度设计的，而不会做得过于巨大。然而从古典时期到现代，建筑师们一直在强调入口的尺度、戏剧性的围合。拱形围合是最常采用的传统形式之一，空间从门口开始向外、向上延伸。类似地，围合的形式也增加了窗户的大小，使它们看起来更有戏剧性：这种手法造成的影响是，宗教建筑超大的门廊和窗户，对很多人来讲是非常必要的。

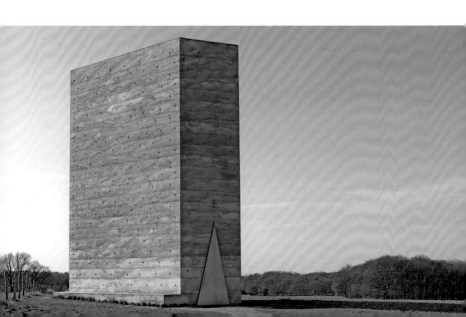

后现代主义的彩色玻璃

在美国芝加哥（Chicago）的老圣帕特里克教堂（Old St Patrick's，1856 年）内，传统的彩色玻璃窗以一种后现代主义的方式重新得到了发展，华丽的彩色玻璃重新展现了古典的主题。

新文艺复兴的门廊

美国布法罗（Buffalo）的圣杰拉德教堂（St Gerard's）于 1913 年完成，是一座新文艺复兴风格的教会驻地。它坚守传统，与历史上的许多宗教建筑有联系。它的拱、壁柱和山墙都源自 18 世纪宗教建筑的装饰。

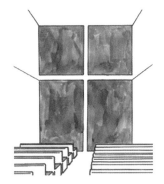

宗教肖像

日本茨城县（Ibaraki）的光之教堂（Church of the Light，1989 年）的尾墙上，只有一道十字形的缝隙，它充满了戏剧性的效果。

现代的解释

泰国的瓦纳达梅塔玛佛教寺庙（WatAnada Metyarama Buddhist temple，2014 年）的窗户是多个贯通墙壁的三角孔，十分不寻常。这座寺庙由新加坡萨尔建筑师事务所（Czarl Architects）设计。

特色建筑——朗香教堂

宗教的设计

在山坡高处修建的朗香教堂（Chapel of Notre Dame du Haut）是一座建筑雕塑。没有哪两堵墙是一样的，窗户似乎是随机地散布在立面各处。混凝土的屋顶像帆一样在风中飘扬，它的边缘似乎要从白色的墙壁上脱落下来。

法国隆尚（Ronchamp）的朗香教堂（Chapel of Notre Dame du Haut）于 1954 年竣工。它由勒·柯布西耶（Le Corbusier）设计，取代了一座在第二次世界大战期间被毁坏的小教堂。

这座建筑的结构主要是混凝土，有些地方的墙壁厚达 3 米。这些超厚的墙是由两个"皮"组成的，中间包裹着原始教堂的废墟。

这座建筑的形式是独一无二的，没有参照任何的其他建筑或流派。评论家将这座教堂描述为第一个后现代主义建筑，但勒·柯布西耶（Le Corbusier）并没有试图颠覆他的现代主义理想，他只是在尝试光和形式的新可能性。

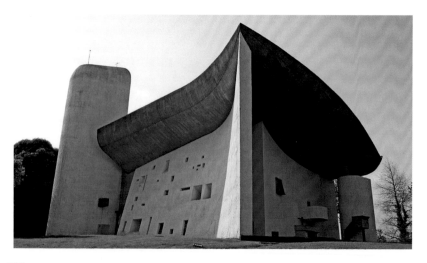

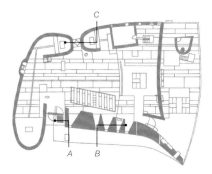

平面布局

在上图的底部是超厚的南墙（B），左边是主入口（A），上部是作为塔（C）的弯曲形式，并在主建筑内形成封闭的小教堂。

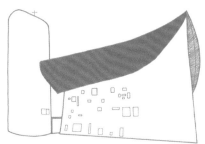

挑出的屋顶

屋顶和建筑物的其他部分一样是混凝土的，但它是光秃秃的，而不是被喷上灰泥，漆成白色。柯布西耶的设计像是在模仿一只螃蟹的壳，出挑元素为这座小型的户外教堂提供了庇护。

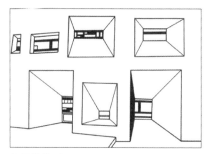

超厚的墙壁

在这座教堂中，有很多贯穿超厚墙壁的窗户。这些开口中，装上了设计师标志性的彩色玻璃，有红色、黄色和绿色。光线透过这些彩色玻璃，将颜色反射到室内的墙壁上。

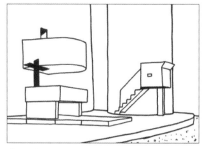

户外的小教堂

这栋建筑的东立面是一个户外小教堂的背景。柯布西耶在这里设计了一个讲道坛、桌子和简单的金属十字架。这个外部的宗教空间，隐藏在引人注目的混凝土屋顶的屋檐下。

装饰

文艺复兴的魅力

美国芝加哥（Chicago）的圣阿德阿尔伯特教堂（St Adalbert Church，1912 年），利用拱门、圆柱、一幅壁画、一个格子天花板和在一个祭坛位置的巨大壁龛，共同创造了宗教的宣言。而位于波兰历史街区的罗马天主教堂（Roman Catholic church），同时采用了宗教及波兰风格的装饰。

也许没有其他的建筑类型比宗教建筑更适合于整合各种装饰。每一种宗教都有一个或多个符号、图案或标志性人物，建筑师们一直在为宗教建筑进行永恒的设计工作。

古代建筑、古典主义建筑和现代主义建筑的区别在于，越新的风格越倾向于装饰的最小化；建筑师们如何重新设计和装饰各种宗教建筑，才能让它们满足各种宗教的信徒们的期待？

答案是多种多样的，从 19 世纪晚期到 20 世纪初，建筑师们一直坚持使用古典的主题。而随着时间的推移，新的设计引人回味，逐渐受到了公众的喜爱。

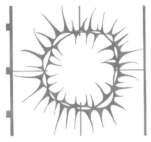

现代主义艺术

考文垂大教堂（Coventry Cathedral，1956–1962 年）的一部分在第二次世界大战期间被摧毁，又以现代主义风格重建，其中的艺术品也反映了这一流派的特点。

有机的形式

位于印度新德里（New Delhi）的莲花庙（The Lotus Temple，1986 年）可能是有史以来最好的有机建筑范例之一。它的形状仿照了一朵莲花的花瓣，建筑本身就是植物的巨大复制品。

出色的外观

位于德国美因茨市（Mainz）的新犹太教堂（Neue Synagogue，2010 年）有一个戏剧化的正立面，立面本身就是一种声明。尽管立面之后的建筑部分没有那么令人兴奋，但正立面的釉面瓷砖吸引了人们的注意力，使人们关注这里的犹太人社区——德国曾经最重要的社区之一。

无装饰

日本神户（Kobe）的塞特利小教堂（Setre Chapel，2005 年），是由神泽建筑师事务所（Ryuichi Ashizawa Architects & Associates）设计的。它除去了内部任何可能被称作"装饰"的东西，展现出一种极简主义，唤起人们对精神的沉思。

高层建筑

简介

对于建筑师来讲，通常在设计任何建筑类型时，都能参考借鉴先前的建筑设计，并从中吸取经验。

然而对高层建筑来讲并非如此，因为在钢结构大

量使用之前真正意义的高层建筑是不存在的（这里我们所说的"高"指的是多层建筑，且比一般的教堂尖塔更高）。在这之前，人们通常选择石材作为结构材料，让建筑变高的唯一方法就是在最底层做笨重而巨大的地基和非常厚的墙体。这种建造方法创造出了一种"婚礼蛋糕式"的高楼，底部做得又大又宽，往上开始逐渐变小。

现代经典

PPG 工业公司大楼（PPG Place），位于美国匹兹堡，建成于 1984 年，由菲利普·约翰逊（Philip Johnson）和约翰·伯吉（John Burgee）设计。它一共由六个玻璃大楼组成（包括一座四十层的高层），在一群新哥特式（Neo-Gothic）建筑之中，这座建筑是个十分奢华的后现代主义（postmodern）作品。

而在 20 世纪之初，建筑师们开始使用钢材。他们发现，利用钢材可以设计出非常坚固的结构，使得顶部与底部的大小相同。这意味着在拥挤的城市中，这些建筑能够变得更高，而且不会占用过多的地面空间。

这些新的高层建筑按今天的标准来讲虽然并不算特别高，但是在 1890~1900 年的这段时间成为"高高在上"的城市风光。

在风格上，古典建筑对建筑师们的影响颇深，一些新的高楼仍采用新文艺复兴风格（Renaissance Revival）或布扎体系（Beaux Art）的装饰物进行装饰，但在其古典的外衣下潜藏着新世纪的建筑。这种新结构的发展使人们放弃了过去的建造方式，也使当下的建筑师们绞尽脑汁想设计出世界第一的高楼。

不可思议的未来派

迪拜的阿拉伯塔酒店（the Burj al Arab）又称帆船酒店，高达 321 米，建成于 1999 年，是温哥华太阳塔（Sun Tower）的三倍高。它建立在一个紧靠海滨的人工岛上，拥有超过 200 间客房，屋顶还修建了直升机停机坪。

建筑原型

在建筑史上，高层建筑是个较新的发明。但是令人惊奇的是，它们之中大多数仍沿用了古典主义的设计。新文艺复兴风格与学院派艺术都是受到哥特风格影响的产物，在设计风格上十分相似。然而，随着 20 世纪的加速发展，第一次世界大战造成的破坏成为过去时，一个新的纪元开始了——装饰艺术风格的摩天大楼诞生了。这些是第一批真正意义上的高层建筑，它们之中包括了许多地标性建筑，比如纽约的帝国大厦和克莱斯勒大厦。

从那时起，其他国家开始竞相建造世界第一高楼，建筑风格也变得多样。在很长一段时间里，纯粹使用玻璃建造的国际风格建筑占据了主导地位。不过今天的建筑师们选择设计更加精巧复杂的造型和外观，再一次让世人惊艳。

装饰艺术高层

克莱斯勒大厦（Chrysler Building，1928—1930 年）或许是历史上最著名的摩天大楼之一，它位于纽约曼哈顿，由威廉·范·阿伦（William Van Alen）设计。这座装饰艺术风格的庞然大物由钢结构支撑，但其外表由砖包裹——除了它的尖顶部分（尖顶部分是金属的），分成几段由建筑内部依次升起。

国际风格高层

理查德·J.达利中心（Richard J. Daley Center），位于美国芝加哥，由墨菲/扬建筑事务所（C.F. Murphy Associates）设计，建成于1965年。它的外表面采用了柯尔顿钢（Corten steel，一种耐腐蚀钢）和黑色玻璃，使其看起来像是单色的。这种效果完全满足了当时现代派建筑师和国际风格拥护者们理想中的建筑形态。

解构主义高层

建筑师保罗·鲁道夫（Paul Rudolph）在中国香港设计了力宝中心（Lippo Center，1988年），以呼应城市中那些简朴的、带有围墙的塔楼。经过他的解构，建筑外表面能够看到凸出的豆荚式窗户，打碎了完整的建筑体量。

后现代主义高层

波垂路1号（Number One Poultry），位于英国伦敦，是一个楔形的、有喜庆色彩的后现代主义建筑，其表面由粉色和黄色的石灰石覆盖。与其说它是摩天大楼，不如说是巨型办公楼。这座建筑由詹姆斯·斯特林（James Stirling）设计，建成于1997年（斯特林去世后的第5年）。

信仰表达

这座天主教堂塔（Catholic church tower）位于德国盖尔森基兴，于1927年由约瑟夫·弗兰克（Josef Frank）设计。这座建筑看上去是古典主义作品，但它使用的巨型石材和精致的石质装饰，都表明了设计师正在迈向一个崭新的、更具有表现力的设计阶段。

高层建筑通常分为两种主要类型——写字楼和高层酒店。两者都需要大量重复的房间单元以便于设计师们开展设计工作，同时有助于在垂直方向上"堆"在一起。近几年来，建筑师们一直不懈努力，让城市能够全天候被利用，多功能的高层建筑也已经成为常态。这使得高层建筑具有如下特点：建筑最底层为零售空间，其上是办公与休闲空间，最上部是酒店和更加私人的住所。这些建筑通常会在顶部区域设置一个公共的观景平台，以此来吸引游客。摩天大楼正在成为城市生活的一个缩影。

现代风格的高层建筑

中银大厦（the Bank of China Tower，1985—1989 年）建于中国香港，由贝聿铭（I. M. Pei）设计。它的设计灵感来源于竹子"节节高升"的意向，其最高点达到了 367.4 米。从室外可以看到这座建筑的空间构架，该构架为建筑体提供了部分支持力。

未来现代风格的高层建筑

碎片大厦（The Shard，2013 年）位于英国伦敦，由伦佐·皮亚诺（Renzo Piano）设计。306 米的高度使它成为当时欧洲最高的建筑。这座建筑的外表完全由玻璃覆盖，设计师力图让它与天空融为一体，而不仅仅是城市中心历史街区的一个地标。

装饰性建筑

安赛乐米塔尔轨道塔（ArcelorMittal Orbit），位于英国伦敦，由艺术家安尼什·卡普尔（Anish Kapoor）和建筑师兼工程师塞西尔·巴尔蒙德（Cecil Balmond）设计，为 2012 年的奥运会特别建造。它总高 114 米，拥有两个观景平台，使游客拥有了一个独特的鸟瞰视角来观赏奥林匹克公园。

新艺术运动时期的高层建筑

婚礼塔（Wedding Tower）建于 1905 年，由约瑟夫·马里亚·欧尔布里希（Joseph Maria Olbrich）设计，为了纪念黑森州的大公恩斯特·路德维希（Ernst-Ludwig）与来自索尔姆斯·霍亨索姆斯-利希的埃莉诺公主（Eleonore of Solms-Hohensolms-Lich）的婚姻。这座红砖塔顶部有五个瓷砖覆盖的尖塔，象征着德国达姆施塔特市至高无上的光荣。

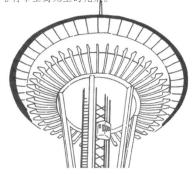

观景平台

太空针塔（the Space Needle，1961 年），位于美国西雅图；加拿大国家电视塔（CN Tower，1973—1976 年），位于加拿大多伦多。它们在设计上非常相似，都拥有能够俯瞰城市的观景平台。内部设有钢筋混凝土圆柱，可以通过高速电梯直达顶层的旋转餐厅。

材料与构造

对真正的高层建筑来讲（通常定义为高于十层的建筑），有三个核心问题在推进着它们的发展：采用何种结构材料、怎样到达上部楼层、如何为高层供水。供水问题是最先被提上日程的，但直到 19 世纪后半叶电梯被发明，所有问题才迎刃而解。几乎同时，钢结构也登上了历史舞台，综合了上述问题的解决方案，第一批摩天大楼诞生了。

家庭保险大楼（Home Insurance Building）共十层高，位于美国芝加哥，是世界上第一个使用了钢结构来承受全部荷载的建筑。它由威廉·勒巴隆·詹尼（William Le Baron Jenney）设计，建成于 1885 年。

钢铁和石材

从家庭保险大楼开始，建筑设计在高度上竞相攀比。美国纽约的帝国大厦（Empire State Building），在 1931 年是世界上已经建成的建筑中最高的大楼，它的钢结构骨架外面由砖石覆盖。

钢与玻璃

西格拉姆大厦（Seagram Building，1958 年），位于美国纽约，由路德维希·密斯·凡·德·罗（Ludwig Mies van der Rohe）设计。它一体化的表皮源于建筑师对于玻璃与钢的精简设计，这一举措使它成为真正的现代主义，甚至极简主义（Minimalist）的标志。

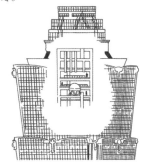

风力因素

上图巨大的球体是个调谐质块阻尼器，装载于中国台湾台北 101 大楼上（Taipei 101，1999—2003 年），用于抵消风力荷载。当风将建筑推向一个方向时，巨大沉重的球体像钟摆一样摆向相反的方向，以减小建筑本身的摆动。

新结构设想

建筑师总是热衷于挑战极限。卡延塔（Cayan Tower，2006—2013 年），位于迪拜，由 SOM 建筑事务所（Skidmore, Owings&Merrill）设计。它的楼体在传统高层公寓的基础上，实现了 90° 扭曲旋转，高 306 米，共 73 层。

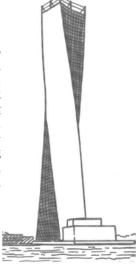

木结构高层

对于当下的建筑师来讲，钢结构不是唯一可用的结构材料。这里展示了两个木质结构核心筒的高层建筑。较高的建筑除了核心筒外还采用结构隔墙和胶合木梁，以增加强度。

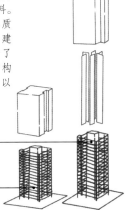

核心筒

环保理念

圣玛利艾克斯30号大楼（Number 30 St Mary Axe，2001—2004年）位于英国伦敦，因其外形绰号"小黄瓜"。这座高层建筑由福斯特建筑师事务所（Foster+Partners）设计，以一系列环保理念为特点，包括利用每层之间的空隙，形成通风井，以便自然通风，使不新鲜的热空气上升并排出。

幕墙的发明是近代建筑史上最具里程碑意义的进步之一，它的作用在高层建筑上发挥到了极致。从本质上来讲，这是一种悬挂在建筑外部的非结构型表皮。幕墙通常是由挤塑铝框架和玻璃板制成的，不过它们也可以包括复合材料、隔热板，甚至混凝土填充板。它们往往固定在建筑的结构楼板之间。

尽管一些美国和英国的工作室早在20世纪初就开始使用这项技术，国际风格建筑却是第一个将幕墙设计纳入其设计手法的建筑流派。

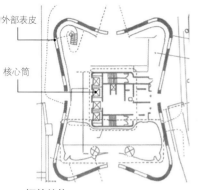

外部表皮

核心筒

框筒结构

从平面图上看，这座建筑内部没有柱子，完全靠核心筒和外部表皮、框架来承重。这使得建筑内部拥有连续的大空间以及灵活的布局。

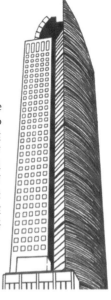

"荷包蛋只煎一面"

市长大楼（Torre Mayor，2003—2010年）是墨西哥最高的建筑之一，同时也是最节能的建筑之一。它最显著的节能技术是其北面（向阳面）的半固态表面，这种表皮减少了建筑对日光的吸收，让其内部保持凉爽。

混凝土类

这座半成品摩天大楼有一个核心筒（见起重机所在位置）和放射状的钢筋混凝土楼板。它说明了传统办公大楼或公寓大楼的内部架构。

高层生活

中国香港是世界上人口最密集的城市之一，拥有众多高层建筑，它们大多是写字楼、旅馆以及住房。虽然建筑师和政府呼吁城市应当更加密集，但目前还无法预知当城市超出其负荷极限之后，人们将面对怎样的后果。

特色建筑——信托公司大楼

这座与众不同的办公楼建于 1910~1912 年，由美国的特罗布里奇和利文斯顿建筑师事务所（Trowbridge & Livingston）设计建造。该建筑为新古典主义风格（新文艺复兴运动的分支），受到意大利风格的影响。它上部的金字塔型结构（或称塔庙）与威尼斯的圣马可广场的钟楼十分相似。

建筑外观揭示了它的古典风格——古典柱式的使用以及三段式的建筑形式：底部、中部和顶部。但我们不难推断出它是现代的建筑，因为还没有任何一座早期或者古典主义时期的建筑，能实现这样的高度与纯粹的外观。

古典主义设想

信托公司大楼（Bankers Trust Building），位于华尔街 14 号，是该时代的最后一批建筑。它的古典主义风格外观令人赏心悦目，可以从中看到古罗马建筑的缩影。这座建筑有两座柱廊：一座在底部，一座靠近顶部。

金字塔王冠

对于当下的建筑风格来讲，在高层建筑顶部加盖一个金字塔或庙塔（阶梯式层级金字塔）是很不寻常的。但在 20 世纪初期，这种装饰非常常见。据说这座建筑的灵感来源于摩索拉斯王（Mausoleum of Halicarnassus）的陵墓（公元前 350 年的一个希腊陵墓）。

檐口细节

檐口部分将建筑外观从六层高的位置打断，这一举措让建筑与街道的连接在视觉上更加符合人体尺度。

特罗布里奇（Trow bridge）和利文斯顿（Livingston）指出，这座高层建筑需要在视觉上增加下部的重量，使建筑落地，檐口的设计恰好强调了建筑的底部，以中和建筑整体向上的动势。

柱子与柱廊

建筑靠近道路平面的外表面有一层柱廊，看似为建筑提供了支持力，每个立面上有四根柱子。柱头上的涡卷装饰表明它们是爱奥尼柱式——一种希腊时期非常受欢迎的古典柱式。

建造一座纪念碑

右图展示了建筑的结构，充分说明了钢框架是该建筑的核心结构。虽然钢结构隐藏在墙体之下，但它才是结构体系的中坚力量。不仅是华尔街 14 号，它周围的大多数建筑也是如此。

门和窗

　　无论在现在还是过去，相较于高层建筑领域重要的设计和建造成就，门窗设计似乎只是细枝末节。但是对于高层建筑来讲，窗是一个重要的元素，它使建筑从一块笨拙的巨石变成我们今天熟知的布满阳光的摩天大楼。

　　随着幕墙的发明，建筑师们能够在钢结构之外悬挂玻璃板，并制造出完整的玻璃幕墙，为使用者展现了闻所未闻的高层景色。这使得高层建筑的外观变得纯粹，同时改变了城市形态，让现代派和国际风格建筑师们的设计展现在公众面前。

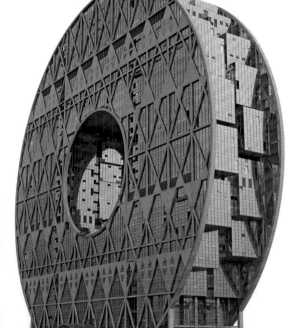

大圆环

　　中国广州的圆大厦（Guangzhou Circle，2013 年），又称铜钱大厦，是世界上最特别的高层建筑之一。设计师约瑟夫·迪·帕斯卡利（Joseph di Pasquale）重新定义了人们脑海中的摩天大楼，为它甜甜圈一样的外形设计了特别的结构，其上几乎完全用玻璃板填充。

立面图案

立面设计正在成为一种独立的艺术，日本银座大厦（Dear Ginza Building，2013 年）就是一个很好的例子。它向我们展示了当下的建筑师是如何用具有功能的元素，比如立面遮阳板，去创造出不寻常的建筑表皮。该建筑由日本天野建筑事务所（Amano Design Office）设计，玻璃之外包裹的铝板上充满了孔隙，整体造型看起来像是折纸作品。

装饰面板

自 20 世纪初起，装饰艺术派的建筑师们就使用艺术作品来装饰高层建筑的入口。达拉斯电力与照明公司大楼（Dallas Power & Light Building，1930 年）的主入口处就安装了玻璃面板，效果很好。该建筑位于美国德克萨斯州达拉斯，由朗·威切尔建筑事务所（Lang & Witchell）设计。

雨幕原理

中央圣吉尔斯法院（Central Saint Giles，2010 年），位于英国伦敦，由伦佐·皮亚诺（Renzo Piano）设计。它的立面色彩丰富，同时应用了雨幕原理，让立面既能保护建筑不受天气的干扰，又能够让空气渗入表皮，进行空气循环。

入口设计

QV1 办公大楼（QV1，1988—1991 年），位于澳大利亚珀斯。建筑师通过一个波浪形的玻璃雨篷，强调了建筑入口。这是现代建筑师们的惯用手法，能够为巨大单调的玻璃大楼增添一点小趣味。

随着 20 世纪建筑的发展，建筑风格发生了变化。与此同时建筑入口部分的设计也在改变，从古典主义开敞的柱廊，到风格别致的装饰艺术运动和新艺术运动，再到现代派及其分支（比如极简主义）。

建筑师们的想法和设计也在不断转变，从一开始坚持在门厅进行装饰，到减少多余的装饰元素，再到抹掉所有装饰痕迹只剩下入口本身。不过没过多久，古典复兴派、表现主义者以及后现代主义建筑师们又将他们的注意力重新转移到建筑的入口部分，再一次用古灵精怪的点子和小花招装点他们的设计，来强调入口以及其周围的环境。

杰出宣言

康迪耐特大楼（Continental Building）位于美国洛杉矶，顶部两层使用了极其奢华的古典制式进行装饰，连续不断的山花和拱券装饰了它的立面，看上去十分惊艳，充满了学院派的美学质感。该建筑由约翰·帕金森（John Parkinson）和乔治·埃德温·伯格斯特罗姆（George Edwin Bergstrom）设计于 1903 年。

底层设计策略

这座新加坡写字楼的设计者采用了另一种策略，来强调建筑底部与入口部分。通过将底部两层设计成与上部不同的样式，来吸引路人的注意。只是简单地用玻璃进行装饰，就让建筑呈现出开放而友好的姿态。

浪漫的国际风格

M&T 银行中心大楼（M&T Bank Center，1964—1966 年），位于美国纽约州布法罗（水牛城），由雅马萨奇（山崎实）（Minoru Yamasaki）设计。该建筑底层和入口处的细节设计证明了国际风格建筑也可以很迷人。它的拱券部分高而优雅，强调了人体尺度上的观感。

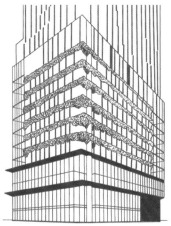

后现代风格的大尺度

索尼中心（Sony Center），位于纽约曼哈顿，由菲利普·约翰逊（Philip Johnson）设计。该建筑的拱形入口巨大而华丽（其灵感来源于古典主义），高于两侧竖向落地窗，让整个场景充满了戏剧性。这样的操作也强化了入口部分，使其风格鲜明。

特色建筑——石油双子塔

马来西亚吉隆坡石油双子塔（Petronas Towers，1993—1998 年），由美国建筑师西萨·佩里（Cesar Pelli）设计，是 20 世纪世界上最高的建筑。这座极其奢华的双子塔高 452 米，拥有 32000 扇窗户。它属于后现代风格的设计，同时也受到伊斯兰建筑的影响。佩里在设计的时候参考了热带水果的形态以及伊斯兰艺术，使得这座摩天大楼直到今天也极其具备辨识度。

这两座高塔是同时建造的，在 41 层和 42 层的位置通过天桥连接。双子塔在 2004 年失去了它世界第一高楼的头衔，因为中国台湾 101 大楼完工了。

修长巨物

石油双子塔的设计是建筑师西萨·佩里（Cesar Pelli）的职业巅峰，他曾经在纽约和伦敦设计过很多高层建筑，但没有任何一个有双子塔这么高这么奢华。这一设计既体现了马来西亚文化，同时又忠于佩里的后现代主义理念。

伊斯兰风格平面

如果你仔细观察两个塔的平面，看上去是两个绕同一轴线旋转的正方形与中心的圆组合而成。

高空天桥

这座天桥其实是一座两层的通道，作为消防疏散路线连接 41 层和 42 层。它属于一家大型企业的总部，是游客在建筑内能参观的最高处。

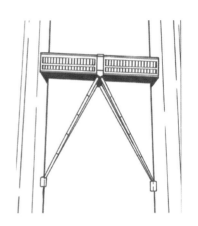

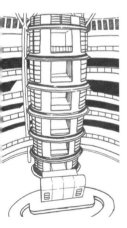

室内空间

双子塔奇特的外形也让建筑室内空间充满趣味。它的底部是一个多层的购物中心和美食城，现已成为吉隆坡的主要旅游景点。

高大的尖塔

双子塔的顶部各设有一个额外的尖塔。这并不是原本的设计，但是当客户意识到双子塔有可能成为世界上最高的建筑时，要求佩里增加建筑的高度。所以，建筑师在顶部增加了穹顶和天线。

装饰

如果建筑物很高，站在地面上难以看到它们的顶部，那还有必要进行装饰吗？这是建筑师们长久以来无视的问题。自从第一座摩天大楼建成以后，无论建筑物的地点和高度，建筑师们都疯狂地为摩天大楼堆砌装饰。

这些装饰物风格多样，会根据建筑师们所在流派而发生变化。除了一些严遵循国际风格的设计以外，几乎所有的高层都或多或少有一些装饰。毕竟，这些庞然大物具备商业与贸易的价值，它们的形式、高度、装饰物都是那些富有的公司炫耀自己的资本，以宣示自己在世界舞台上的地位。

彩色叠加

阿格坝大厦（Torre Agbar，2005年）位于西班牙巴塞罗那，由让·努维尔（Jean Nouvel）设计。白天它的表皮看起来像是一个个混合在一起的蓝色和红色像素块，但当夜幕降临时，这座大楼上的 4500 个 LED 灯阵能够在建筑表皮上展示出多彩的灯光表演。

绝妙的陶瓦

担保大厦（Guaranty Building），位于美国布法罗（水牛城）。其屋檐与檐口部分的装饰物精美绝伦，以至于从街道上很难看清楚，但很显然这并不重要。这座大楼由路易斯·沙利文（Louis Sullivan）设计，建于1896年，建筑表皮被精美的陶瓦设计包裹。

令人振奋的尖塔

在这座"婚礼蛋糕式"的建筑顶部装饰尖塔似乎是唯一的解决方法。位于俄罗斯莫斯科的乌克兰大酒店（Hotel Ukraina，1957年）是一座斯大林式的学院派建筑，算上它的尖塔部分，总高度达206米。

文化交融

中银大厦（Bank of China Tower，1985—1989年），位于中国香港。它的造型十分特别，不仅仅是一个现代主义的设计。贝聿铭（I. M. Pei）的设计灵感来源于竹子"节节高升"，象征着增长和繁荣。

装饰艺术产物

雷电华电影公司大楼（RKO building，1930—1939年）位于美国纽约，它外立面的装饰细节是当时装饰艺术建筑中的典型代表。这座建筑当时是雷电华广播公司的所在地，高举闪电的拳头代表着广播媒体的力量。

办公建筑

简介

装饰艺术风格发电站

英国伦敦泰晤士河岸上的巴特西发电站（Battersea Power Station，1933 年）就是一个标志性的工业建筑。由西奥·荷兰蒂（J. Theo Halliday）设计，在 20 世纪 30 年代和 20 世纪 50 年代分两个阶段建造，该建筑属于装饰艺术风格，也被称为砖块大教堂。

说起工作场所，我们能想到许多不同类型的建筑，有摩天大楼、宗教建筑、剧院和教育机构——毕竟如今人们的工作场所无处不在。但这部分我们重点关注进行各种生产活动的建筑——工厂和商业办公楼。

工厂的设计建造往往缺乏想象力，传统上它们只不过是用来制造或研究的"大盒子"。不过，当有远见卓识的老板雇用建筑师来设计一些更有趣的东西时，往往会产生非常出色的结果。

现代的建筑师们抓住这个机会，不仅设计体量巨大的建筑，还要赋予它们个性——使它们成为一个标志。此外，现代主义者们擅长将一个建筑"工程化"以适应它对应的功能。他们贯彻"形式遵循功能"的原则，以创作如同机器的建筑。

这些设计思想在今天仍有影响，尽管建筑师们在现代主义哲学的思潮中不再那么顽固，开始倾向于设计更多令人舒适和放松的空间，办公楼的设计仍然向建筑师们提供了一个设计大尺度"里程碑"式建筑的机会。20世纪80年代和20世纪90年代，诺曼·福斯特（Norman Foster）、尼古拉斯·格里姆肖（Nicholas Grimshaw）和伦佐·皮亚诺（Renzo Piano）等建筑师们将他们高技派风格总结为合乎逻辑的理论，工厂和总部大楼都布满了钢筋和钢丝，而更高新的工业类型则呼唤着建筑师们运用先进的材料和技术，设计内部具有开创性功能的建筑。

办公建筑与一些宏伟的建筑如大教堂和摩天大楼相比，可以说是"无名小卒"，但对于建筑师们来讲同样是一个令人兴奋的机会，让建筑师们展开设计的翅膀，创造属于他们自己的一片天空。

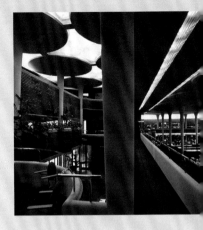

美国的奇迹

弗兰克·劳埃德·赖特（Frank Lloyd Wright）在20世纪30年代末在美国威斯康星州（Wisconsin）的拉辛（Racine）设计了约翰逊制蜡公司（Johnson Wax Building），该建筑属于这位大师的经典风格作品。在建筑内部，开放的工作车间由细长的柱子支撑，这些柱子的顶部逐渐变形成"盛开花朵的形状"，与天花板相连。

建筑原型

新文艺复兴办公建筑

美国麦克金、梅德和怀特公司（McKim，Mead&White）设计了这座位于纽约曼哈顿市的新文艺复兴风格的城际快速交通发电站（Interborough Rapid Transit Powerhouse）。这座建筑建于1904年，为纽约地铁系统提供动力，它的现代功能与经典设计形成了鲜明对比。

显然，办公是办公建筑的首要功能，但办公建筑还可以作为其所属公司的标志或象征。一直以来，建筑师们面临的任务是在办公建筑的设计中使其标志性和功能性兼顾。

这些制造业、发电、公共管理、金融和商业的纪念碑式建筑已经成为许多城镇发展的灯塔，它们可以很快被周围的人们认出。

但这些建筑的风格如何呢？在世界各地的城市中，可以看到很多风格的办公建筑，对于坐落于我们所生活的地区附近的工厂、办公楼和发电站，建筑师们甚至采用了最精巧、最异想天开的设计手法。

布扎体系办公楼

这座位于英国曼彻斯特（Manchester）的布扎体系办公楼（Beaux Arts office，1905 年）现在分为多个公寓。然而，最初它是劳埃德包装仓库有限公司（Lloyds Packing Warehouses Ltd.）的总部。哈里·S·费尔赫斯特（Harry S.Fairhurst）设计的这座石灰石和红砖建筑立面上有各种各样的窗户、形态各异的破碎山花、风格杂糅的檐口线脚。

装饰艺术风格工厂

卢马灯泡工厂（Luma Lightbulb factory）建于 1938 苏格兰的格拉斯哥（Glasgow），因其华丽的装饰设计而成为一个直观的地标性建筑。这座玻璃塔让人联想到一个灯泡，弯曲的墙壁和薄金属窗框与后期装饰艺术和早期现代主义有关。

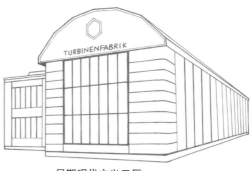

早期现代主义工厂

柏林 AEG 涡轮机厂（AEG Turbine Factory in Berlin）由彼得·贝伦斯（Peter Behrens）设计，是德国现代工业建筑的早期范例。这座巨型建筑的特点是其具有 15 米高的玻璃和钢结构墙，这是 1909 年工厂建筑令人兴奋的创新。

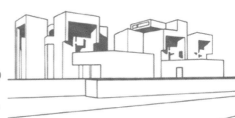

现代主义办公建筑

位于科罗拉多州博尔德市的国家大气研究中心梅萨实验室（MesaLaboratory of the National Center forAtmospheric Research，1964—1967 年）是由建筑师贝聿铭（I. M. Pei）设计的。它朴素的混凝土墙和体块堆叠的形式试图与周围的崎岖景观形成对比与照应。

现代主义工厂

位于意大利都灵的林戈托工厂（Lingotto Factory，1916—1923年）是由马特·特鲁科（Matté Trucco）公司为汽车制造商菲亚特（Fiat）设计的。这个五层的建筑有一个连续的坡道连接每个楼层。汽车零件进入大楼底部，成品车在顶部进入测试轨道——如此构成了一条生产线。

现代主义改变了建筑师们设计办公建筑的思路，他们需要设计室内布局，从而控制设计的整体性。为了让建筑更有效率，公司雇佣了具有前瞻性的设计师，他们不仅要设计地标性建筑，还要改变其内部工作方式。

美国的弗兰克·劳埃德·赖特（Frank Lloyd Wright）和欧洲的瓦尔特·格罗皮乌斯（Walter Gropins）等创新者重新审视了工业制造过程的各个方面，以便设计出能够让员工以最高效率工作的建筑。这反过来影响了建筑的结构形式，并在工业和商业界创造了新的建筑理念。

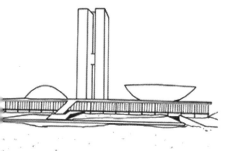

国际风格办公楼

作为奥斯卡·尼梅耶（Oscar Niemeyer）在巴西利亚（Brasilia）市内的标志性建筑之一，国会大厦（National Congress Building，1957—1964 年）是巴西的建筑代表。它的形式——低矮的裙房，高塔和双穹顶——不管是在功能上还是在建筑设计上都是十分出色的。

高技派办公楼

位于英国伊普斯威奇的威利斯大楼（Willis Building，1970—1975 年）是由诺曼·福斯特建筑事务所（Norman Foster's firm，Foster + Partners）设计的早期建筑之一。该建筑运用了许多高技派手法，内部是精致的井字钢梁，周边由混凝土柱支撑。

后现代主义办公楼

美国的后现代主义办公楼波特兰大厦（Portland Building，1982 年），由迈克尔·格雷夫斯（Michael Graves）设计，是对许多现代主义建筑缺乏华丽的设计的反讽。这座大型办公楼有色彩丰富的立面，甚至还有巨大的花型雕刻。

先锋派办公建筑

位于德国柏林的 DZ 银行会议室（DZ Bank Conference Room），是弗兰克·盖里（Frank Gehry）设计的激进的建筑雕塑作品。形态奇异的会议套房设置在一个更为传统的建筑（由盖里设计，1995—2001 年）内，在建筑的中庭创造了一个独特的场地。

材料与构造

砖包裹着钢结构

美国密苏里州圣路易斯市（St Louis, Missouri）的温赖特大厦（Wainwright Building），由路易斯·沙利文（Louis Sullivan）设计，建造于1891年，它是古典形式（三段式——底座、柱身和柱头）和现代建筑技术的结合。赤土色的墙包裹着钢结构。

工厂往往体量较大，其使用的建筑材料一般要与建筑的规模相匹配。在过去的150年中，石头和砖，然后是钢和混凝土，最为工业部门所青睐，而对于商业建筑，如办公室、商店和技术研究所，设计师们则最喜欢采用玻璃，因为玻璃光滑、闪闪发光而具有吸引力。

但是对于每一种定式都会有反驳，建筑师们常常会反抗这种趋势，创造更加卓越的建筑——有玻璃墙的工厂或包含办公空间的巨大混凝土建筑。然而，贯穿始终的主题是如何在设计中有效地使用材料，因为在设计大型建筑时，建筑师们必须时刻关注预算，并确保让客户觉得物有所值。

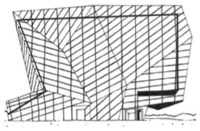

大量玻璃

科尔·巴雷乌·阿奎托克（Coll Barreu Arquitectos）在西班牙维多利亚，为阿拉瓦科技园（Alava Technology Park）扩建，设计了E8大楼（E8 Building，2011年）。由玻璃和钢构成的解构立面看起来像要流向地面。

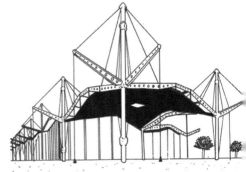

高强度钢

诺曼·福斯特（Norman Foster）在英国斯温登（Swindon）雷诺配送中心（Renault Distribution Centre，1980—1982年）的设计中，使用了由钢缆支撑的钢梁斜拉结构。这个作品看起来十分独特，它也在工厂和办公楼中实现了24米的无柱空间。

砖之美

路易斯·康（Louis Kahn）于1974年去世，而那年他设计的艾哈迈达巴德（Ahmedabad）的印度管理学院（Indian Institute of Management）刚好完工。他将砖块和混凝土作为24公顷校园里每栋建筑的主要材料，用最简单的材料创造出了令人惊叹的几何形体。

承重木材

复合板材（laminating wood）早已应用在建筑中，但是最近使用复合板材建造超高强度梁的技术使建筑师们能够用木材建造更加宏伟的结构。这所大学校园中的建筑完全由木板梁支撑。

现代杰作

世界著名的艺术博物馆——泰特现代美术馆（Tate Modern），位于伦敦市中心泰晤士河南岸的前河岸发电站（Bankside Power Station，1947—1952年）内，由吉尔伯特·斯科特爵士（Sir Giles Gilbert Scott）设计，并于1952年开始发电。它的新业主增加了一个釉面顶层，并插上了巨大的烟囱。

建造大型建筑是一项特殊的挑战。在办公建筑设计领域，诸如工厂、仓库等工业建筑加剧了这些挑战，在整个20世纪，建筑师们更多地了解了钢材、钢筋混凝土等材料的性能。他们与技术专家一起对这些材料进行精炼，并从中获取最佳性能；其结果往往可以在最近建造的一些巨大的、无柱的工业"大棚"中看到。现在，制造商完全可以为了不同的需求自由地设计生产空间，而不必考虑诸如柱、扶壁等支撑结构。

绿色办公

由奥维纳建筑事务所（Architect Arup Associates）设计的索利哈尔办公室（Solihull office，2001年），其特点是在屋顶上将天窗与通风管道相结合形成大型通风帽（cowl）。建筑师们将办公室设计得非常节能，以展示其环境理念。

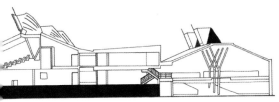

开放式办公

如今的办公楼往往是开放式的，许多人在同一个空间工作。这是一个新现象，因为传统的办公室是"细胞式"的（每个人都有自己的小房间），直到20世纪80年代中期情况开始有了变化。

未来办公

由威廉·艾尔索普（Will Alsop）设计的位于伦敦怀特查佩尔市的暴雪大楼（Blizzard Building，2005年）内的细胞和分子科学研究所（Institute of Cell and Molecular Science），实验室和办公空间布置在一个大的玻璃盒子里。天花板上悬挂着的"未来主义舱体（futuristic blobs）"是会议空间，该造型的灵感来自科学家们研究的细胞和病毒。

特色建筑——胡佛大厦

全金属窗

胡佛大厦正立面上窗台内的小玻璃板是用薄铜板框固定起来的，随着时间的推移变成了斑驳的绿色。框架是装饰艺术风格的标志，也能从中看出现代主义的设计手法，这种设计思想在 20 世纪 30 年代仍在迅速发展。

当你驾车沿着 A40 公路驶入或驶出英国伦敦时，会不禁注意到一座长长的、引人注目的白色建筑，看起来就像是 1927 年电影《大都会》里的大楼。胡佛大厦（Hoover Building）是由沃利斯和吉尔伯特建筑事务所（Wallis，Gilbert and Partners）合作设计的，建于 1937 年，内有为美国真空制造商所用的工厂和办公空间。

这座建筑的设计是其所处时代的典型。装饰艺术是一种时尚的建筑风格，这个流派的建筑师们经常受到阿兹特克和玛雅图案的影响，这些图案来自 1925 年巴黎世博会展出的人工制品。胡佛大厦立面层叠的结构有着漂亮的色彩，突显出建筑的繁华，使它从该地区其他工业建筑中脱颖而出。

转角

这座建筑角落的弧形窗被认为是受到德国的埃里克·门德尔松（**Erich Mendelsohn**）设计的爱因斯坦塔所启发的。它们具有相同的弯曲顶部，与整个转角直线条的形态和装饰形成了奇妙的对比。

艺术装饰浮雕

胡佛大厦的洗手间也独具风格：建筑师用绿色大理石包住墙壁，并在洗手间中央安装了一个圆形的大洗手池。

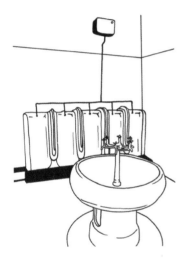

敲敲门

胡佛大厦的前入口是一个形式与颜色的杂烩。这些门本身是标准尺寸，但它们与周围的铁艺品和顶部的浮雕一起构成了一个与众不同的入口。

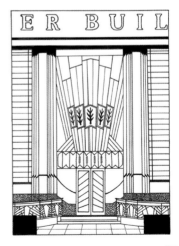

门和窗

办公建筑的主题几乎都是功能和生产，其最重要的元素是内部空间，即可用的工作区域。门和窗主要用来通风和采光，是建筑设计中次要的部分。

然而，建筑师们还是会利用这些细节设计来表达风格。他们利用这些元素，尽可能地让设计更有戏剧性，使建筑不只是一个被称为"工厂"或"办公室"的大盒子。想要给办公建筑增添一点"风味"，门和窗是最容易下手的地方。

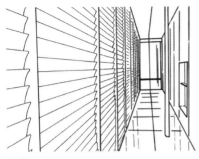

加倍

这个双层玻璃幕墙是国际风格玻璃幕墙的现代化演绎，在两个立面之间有一条人行道，墙体结构可以绝热，并且两面双层玻璃幕墙内都内置了遮阳结构。

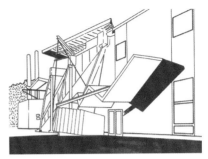

雨篷下

入口雨篷的种类不胜枚举，奥地利集资造纸厂（Funder Factory Works，1988—1989 年）的雨篷就别具一格。这家造纸厂的老板想让工厂变得更加戏剧性，因此聘请了库柏·西梅布芬事务所（Coop HimmelBlau）来设计它——还一并设计了一个解构主义的入口。

别致的讽刺

零售店，是一个需要豪华入口的工作场所。在这个时尚精品店，古典建筑加上后现代主义的设计风格，造就了引人注目的入口。观察这对光滑的柱子，它们的造型属于当代，但它们的设计参考是完全古典的。

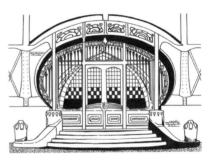

奇妙的对比

这个入口原本属于德国多特蒙德（Dortmund）的一个煤矿的机器车间——它简直和它里面正在进行的工作一模一样。新艺术运动风格的门廊是有机形式与复杂图案的完美结合。现在，这栋大楼是一个博物馆。

为什么要为工厂、车间或其他工作场所设计漂亮的门窗呢？如果说商业中最重要的是盈亏，那么花钱美化建筑肯定是不必要的奢侈浪费。然而，众所周知，形象在业界十分重要，建筑师们就常常被委托通过构件来投射这个形象。

现代主义建筑师们与毕业于国际学校的建筑师们可以很容易地将他们的门窗设计与建筑的功能结合起来，但是其前后的大多数流派常常选择用不必要的方式美化这些门窗。然而，从法国依云庄园（Evian）里新艺术运动风格的玻璃可以看出，结果是不错的。

它在水里

这座建筑建于20世纪初，是世界著名的法国瓶装水制造商依云（Evian）的工业遗产的一部分。窗户的形状和颜色表明了设计采用新艺术运动风格，它们的有机形态以及几乎弯曲的玻璃精巧地构成了许多刻面拱门。

坚持传统

美国的这座银行大楼是20世纪初新文艺复兴建筑的一个典例。其窗户的风格传统而保守，窗口是矩形的，分成小窗格。它们嵌在一个隆起的古典拱形图案中，从石雕作品中突显出来。

邮，局（Post，office）

这家国际风格邮局绝非后现代主义（Post modern）的作品，于1958年在温哥华开业。它巨大的混凝土墙面被嵌在薄金属框架内的矩形窗隔开。厚重的墙体与轻型窗框的对比是这种风格的特点。

现代主义福利中心

这个位于美国的基督教福利中心（Christian welfare centre）是一个早期现代主义设计的典例。上层的条形窗被许多竖直的遮阳板打断，以控制进入建筑物的阳光量。

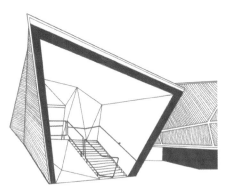

浅棕色的房子

墨西哥城雀巢巧克力工厂（Nestlé Chocolate Factor，2007年）的新博物馆是由罗金德建筑事务所（Rojkind Arquitectos）设计的。非同寻常的形式意在强调入口，这个未来现代主义的建筑从角落处打开，露出通向内部的楼梯。

特色建筑——维特拉消防站

热点话题

扎哈·哈迪德（Zaha Hadid）的维特拉消防站看起来更像一座巨型雕塑，而不是一个工作场所。这座建筑开启了她作为明星建筑师的传奇生涯。从那时起，哈迪德就开始向其他类似的异型建筑发起挑战。

维特拉（Vitra）是一家位于德国的设计和制造现代家具的公司总部，它委托扎哈·哈迪德（Zaha Hadid）在莱茵河畔威尔（Weilam Rhein）境内设计一个私人消防站以保护整个场地，鉴于此地之前发生过一起火灾，大家意识到当地消防员的反应不够迅速。

这座消防站是扎哈设计的第一个被建成的建筑，于1993年竣工。它的形态是一个抽象的三角形组合，材料则几乎完全是钢筋混凝土。哈迪德把这个设计形容为"凝固的动态，宛如时刻处于戒备状态"——就像消防员必备的素质一样。

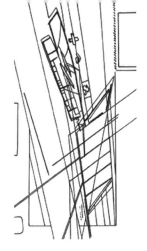

玻璃墙

长长的玻璃墙顶部是混凝土制成的"尖角"，是另一种将运动投射到建筑设计中的手法——既通过周围环境的反射，又以其三角形的形式。

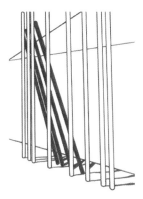

鸟瞰

俯瞰消防站，便可真正体会到哈迪德设计的抽象性。建筑物的形式和功能是模糊的，相反建筑师创造了一个雕塑式的建筑，这也体现了跟她的许多抽象绘画作品的联系。

细长的钢柱

这些细钢柱是对哈迪德现代主义训练的肯定，它们与混凝土美学紧密结合。然而，在把这些钢柱进行组合的时候，哈迪德创造了一种新的动态——这与她未来主义的设计思想有关。

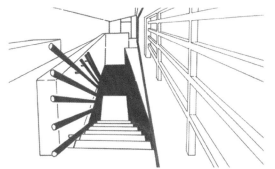

速度感

建筑物的内部与外部十分统一。建筑师用线条创造了一个好似随时会炸裂的空间。搁架和楼梯扶手的形式很好地体现了运动与速度感。

装饰

店面的艺术

如何让你的店面脱颖而出呢？美国芝加哥的施莱辛格＆麦耶百货公司（Schlesinger & Mayer，1899—1904年）是由路易斯·沙利文（Louis Sullivan）以其芝加哥学派（Chicago School style）风格设计的。这种新技术经常与花卉图案和雕塑结合在一起，是欧洲新艺术运动的一个分支。

有些人可能会说，在办公楼上的装饰是多余的，对那些追随现代主义学派的建筑师们来说，他们一定会赞成这个说法。但是，对于走另一条道路的建筑师们来讲，装饰——包括风格上的多样性——是建筑的一部分，也是使建筑更好地为其使用者服务的要素。

新艺术运动和后现代主义等派别的建筑师们创造了一些具有某种傲慢气质的建筑作品，正是这些"额外"的东西使它们脱颖而出——当今天回首这些建筑时，会发现它们通过巧妙、机智的设计给我们带来了很多快乐。

后现代工业

由约翰·奥特兰姆（John Outram）设计的这个立面布满装饰的水泵站（1986年），位于伦敦码头群岛的狗岛（Isle of Dogs），它是后现代主义工业建筑的一个精彩的例子。砖瓦与奢华的柱子的着色为单调的建筑增添了传奇的色彩。

现代机器

奥胡斯市政厅（Aarhus City Hall，1941年）是丹麦城市权力所在地，由阿耐·雅各布森（Arne Jacobsen）设计。这座建筑虽然是现代主义的，但它有一座不寻常的"框架式"钟塔，这座奇特的钟塔是整个建筑超凡脱俗的关键所在。

未来幻想

欧洲手机供应商沃达丰（Vodafone）委托巴尔博萨&奎马拉斯建筑事务所（Barbosa & Guimaraes）设计了其在葡萄牙波尔图的总部（Portuguese headquarters in Oporto，2008年），建筑立面上起伏的混凝土、内部较少的支撑结构——不论是外观上还是结构上都令人惊叹。

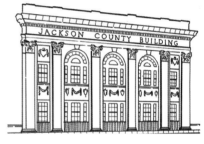

永恒的经典

美国的杰克逊县法院大楼（Jackson County Court building，1927—1928年）是一个低调的美国古典建筑。立面在砖砌的墙外包裹了一层石材，还点缀了立柱、窗台和白色的石头浮雕。

文化建筑

简介

先锋派的吸引力

毕尔巴鄂古根海姆博物馆（Bilbao Guggenheim，1997年），位于西班牙，是弗兰克·盖里（Frank Gehry）成熟时期的代表作。这座世界知名的建筑外表覆盖着钛金属板，为建筑营造了雕塑质感。流线上采用了盖里惯用的设计手法。

文化建筑有多种多样的造型、大小和类型，所以建筑师在设计的时候有很大的发挥空间。不过与工业建筑和教育建筑一样，对于文化建筑有许多要求，每一个具体的建造环节都必须满足相应的规范。

当然了，建筑必须提供特定的用途。剧院里需要有舞台和观众席，美术馆需要有自然采光的空间，博物馆需要有馆藏区。还需要考虑物流问题，包括游客出入口和后勤货运出入口。

通常情况下，文化建筑是一个艺术品与人工制品的合集，它需要成为一座有特殊意义的建筑。建筑师们需要做的不仅仅是设计一座有功能的房子，而是要设计出让参观者印象深刻的地标性建筑。一直以来这都是一个挑战，建筑师们与使用者因此争论不休。即使是建筑大

师弗兰克·劳埃德·赖特（Frank Lloyd Wright）设计的纽约古根海姆博物馆（New York Guggenheim），也受到了一些舆论的抨击。一些艺术家嘲讽道，这座建筑弯曲的内壁和倾斜的坡道画廊根本不适合展示绘画作品。而赖特坚持他自己的设计，并宣称艺术家能将自己的作品陈列在这座建筑里是幸运的，这座建筑将会提升绘画作品的艺术品质。

但更多时候客户和使用者的意见占了上风，设计师们只能改变这些文化建筑的设计，有时候这样的改变是好的，有时则不然。但是建筑师们依然期待着得到这样的设计项目，他们通过公开竞标获得这样的机会。由此诞生的建筑是现代建筑中最令人振奋的建筑奇观之一。

装饰艺术改造案例

这座装饰艺术风格的宏伟建筑是由一家面粉厂改造的，位于英国盖茨黑德市，由埃利斯·威廉姆斯建筑事务所（Ellis Williams Architects，1992—2002年）负责重建。现在这里是一家名叫波罗的海中心的艺术画廊（Baltic Centre）。这种富有创造力的文化建筑改造并不常见，但却非常实用：面粉厂空旷而开敞的空间非常适合作为美术馆。

建筑原型

新文艺复兴音乐厅

　　梅坎尼克音乐厅
（Mechanics Hall），位于
美国马萨诸塞州伍斯特
市，建于1857年。这座
建筑建造的最初目的是
让工人们了解这片区域
新修的工业厂房，同时
为他们提供文化活动。
它内部包含音乐厅和图
书馆。梅坎尼克音乐厅
凭借它出色的音质音效，
成为美国最顶级的音乐
厅之一。

　　只要人们一直在创作艺术作品，收集自然与社会
产物，他们就会一直设计建造文化建筑。我们可以看到，
从古希腊至今的建筑流派都包括用作博物馆、美术馆、
剧院、电影院、歌剧院和展览馆的文化建筑。这些大
量不同风格的建筑为建筑师们提供了令人惊叹的"案
例大全"，包括罗马斗兽场（Rome's Golosseum）、
雅典的齐斯塔拉基斯清真寺（Tzistarakis Mosque）（现
在是希腊民间艺术博物馆的一部分）、位于伦敦的英
国自然历史博物馆（Natural History Museum）、位于
马德里的普拉多博物馆（Prado Museum）等历史建筑
地标。

　　对于建筑师来讲，设计一
座现代文化建筑最具挑战性的
是，创造出和这些历史建筑一
样激动人心的新建筑，同时遵
循他们自己的设计理念。

布扎体系剧院

公主剧院（Princess Theatre，1885—1986 年），位于澳大利亚墨尔本，顶部有三枚耀眼的锻铁王冠。即使在今天，这座布扎体系建筑的迷人魅力也是显而易见的：屋顶栏杆用石瓮进行装饰，大门上方的山花极其华丽，再上方是向远处眺望的金色狮子。

新艺术运动时期的剧院

法恩莎剧院（TeatroFaenza，1924 年），是哥伦比亚波哥大最古老的电影院之一。这座建筑的正立面令人惊叹，顶部设计颇有装饰艺术风格，但主入口处的环形装饰更像是新艺术风格。

工艺美术运动时期的博物馆

苏格兰街头学校博物馆（Scotland Street School Museum）于 1903 年建于英国格拉斯哥，是一座由查尔斯·马金托什（Charles Rennie）设计的学校。它的设计很简约，由两个圆柱塔组成，塔内是主楼梯。现在这座建筑是一个热门的旅游景点。

现代主义剧院

伊登莎剧院（Edens Theater），位于美国伊利诺伊州诺斯布鲁克市，由帕金斯威尔建筑设计事务所（Perkins+Will）设计。它建于 20 世纪 60 年代初，一开始被视为未来派的作品。它指向天空的屋顶让这座建筑在近郊的建筑中显得鹤立鸡群。该建筑于 1980 年拆除。

国际风格展馆

德拉瓦尔馆（the De La Warr Pavilion, 1935年）是一座国际风格的建筑，由埃里希·门德尔松（Erich Mendelsohn）和塞吉·希玛耶夫（Serge Chermayeff）共同设计，位于英国苏塞克斯郡东部的贝克斯希尔。德拉瓦尔馆内部包括音乐厅、图书馆、餐厅和休息室。

一直到20世纪，地理位置和当地的统治政权都影响着建筑设计，无论是对于文化建筑设计还是许多其他类型的设计。而随着现代派建筑的诞生，第一个影响全球的设计阶段开始了。欧洲现代派建筑师们的理念得到了美国人的认可，与此同时国际风格也被狂热的追随者们推向全世界。

建筑师们通常会在文化建筑上实践他们新的建筑学派理念。因为相比于其他类型的建筑，在面对文化建筑时，结构师们的态度更加包容，给予了建筑师们更多的空间来实现他们的设计。

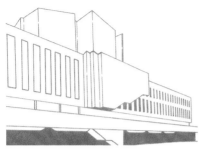

现代主义综合体

阿尔瓦·阿尔托（Alvar Aalto）是芬兰最著名的建筑师之一，也是一位极具影响力的现代派拥护者。他设计了芬兰地亚大厦（Finlandia Hall），1971 年建成于赫尔辛基。芬兰地亚大厦可以举办音乐会和国际会议，它简洁的白色外观上凿画着严谨的线条，是现代主义的杰作。

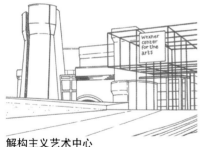

解构主义艺术中心

韦克斯纳视觉艺术中心（the Wexner Center for the Arts，1989 年），由彼得·埃森曼（Peter Eisenman）设计，位于美国俄亥俄州立大学，是一家研究艺术的实验中心。这座建筑看起来像是被拆开散落在地上一样，是一个典型的解构主义作品。

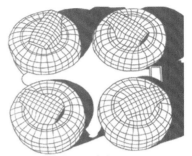

后现代主义学生活动中心

英国谢菲尔德学生活动中心（Hubs，1999 年）看起来像是四个巨大的平底锅。它原本是现代音乐博物馆的总部，这些古怪的后现代主义结构通过中庭连接。现在这座建筑被附近谢菲尔德哈勒姆大学的学生们占用了。

未来现代主义"遮阳伞"

都市阳伞（Metropol Parasol，2011 年）位于西班牙塞维利亚，由于尔根·迈尔建筑事务所（J. Mayer H. Architects）设计。它像一个巨大的遮阳亭，从一个公共广场延伸出来。在这里会举办许多文化活动，包括音乐会。迈尔的设计让人感觉既亲切又超凡脱俗，是都市阳伞吸引了无数游客的注意。

材料与构造

不可思议的大理石

巴塞罗那德国馆（German Pavilion），位于西班牙巴塞罗那，由路德维希·密斯·凡·德·罗（Ludwig Mies van der Rohe）设计，为 1929 年的巴塞罗那世博会而建。其使用了极具现代主义风格的大理石、缟玛瑙和石灰石进行装饰，同时也为这座展馆设计了家具，包括极负盛名的巴塞罗那椅（Barcelona chair）。

随着现代主义风格的飞速发展和新工业技术的传播，促使建筑师们更加具有创造性，尤其是对于材料和构造设计。由于文化建筑具有一定的大小规模，同时也相对复杂，使得建筑师们能够通过实践来试验他们的设计。

在设计大型建筑时往往会使用到多种材料，同时杂糅多种建筑风格和类型，所以有时最终呈现的效果让公众觉得难以理解。此外，由于大型公共建筑常常被政府或机构委托方引以为傲，会投入大量的资金，这给了建筑师们更多的余地去选用奢华和昂贵的材料。

砖石

美国的弗吉尼亚美术馆（Virginia Museum of Fine Arts），建于 1936 年，是一座布扎体系建筑，以砖石作为主体结构，而当时其他文化建筑都被设计为超现代主义风格（ultra-modern）。这表明了美国人对古典建筑深深的热爱。

现代风格的平面

美国国家美术馆（National Gallery of Art），位于美国华盛顿特区。美术馆东馆（East Wing，1974—1978 年）的平面形态在各个方向上都是尖锐的。虽然这样的设计完全不实用，但它着实是现代主义的杰作，敢于使用三角形去创造出具有力量的空间形式。

混凝土结构设计

悉尼歌剧院（Sydney Opera House，1958—1973 年），位于澳大利亚，可能是世界上最著名的建筑之一。它优美的弧形屋顶使用了预制混凝土肋和圆拱，最后用陶瓷饰面，整体看上去十分精致。

弯曲的橡木

威尔德低地馆（Downland Gridshell）位于英国的威尔德低地博物园内（Weald and Downland Museum，2002年）。将绿橡树板片制成网状构件，组装成光滑平整的形态，然后慢慢弯曲形成建筑物的形状。这座建筑由爱德华·卡利南建筑事务所（Edward Cullinan Architects）和布罗·哈波尔德（Buro Happold）设计，它的框架结构十分独特，但不需要任何高科技，每个接缝处仅仅需要一个简单的板片和四个螺栓。

现代的文化建筑类似于早期的宗教建筑，它代表着一个国家的愿景。为了让建筑变得独一无二，建筑师们会竭力增多自己的见闻并试验不同的结构构造。这种做法也得到普遍的支持，比如说，悉尼歌剧院（Sydney Opera House）及威尔德低地馆（Weald and Downland Gridshell），建筑师们创造了新的结构技术来完成他们特别的设计，让建筑极具辨识度，令人印象深刻。

这些建筑不是在追随潮流，而是开创新的风尚——他们代表着设计和材料结构创新的胜利。

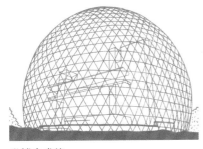

世博会成就

蒙特利尔自然生态博物馆（Montreal Biosphere）是建筑师巴克敏斯特·富勒（Buckminster Fuller）为 1967 年的世界博览会所设计的场馆。它拥有一个空间网架结构的穹顶，这个弯曲的结构由上百个管状钢构件构成，每个构件都是等边三角形，它们连接形成球形框架。

抬升屋顶

大英博物馆中庭（Great Court at the British Museum，1997—2000 年）由福斯特建筑师事务所（Foster+Partners）设计。它的屋顶是波浪形的，由玻璃和钢结构构成，向外延伸覆盖了 0.8 公顷的面积，使其成为欧洲最大的室内庭院之一。屋顶由 1656 对玻璃板组成，因为屋顶的特殊形状，它们每一块都是不一样的。

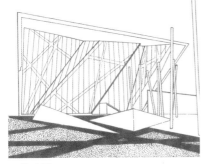

结构稳健

建筑师丹尼尔·里伯斯金（Daniel Libeskind）因其对结构的创造性使用方式而闻名。伯德盖斯动力剧场（the Bord Gáis Energy Theatre，2010 年），位于爱尔兰都柏林。它上层暴露的钢结构向一侧倾斜，让建筑本身充满了戏剧性。

迷人的表皮

蛇形画廊的扩建（Serpentine Sackler Gallery，2013 年），位于英国伦敦，由扎哈·哈迪德（Zaha Hadid）设计。建筑外表面由玻璃纤维制成的抗拉结构覆盖在折线形的钢结构骨架上，创造出了坚固耐用的表皮材料和独一无二的造型。

特色建筑——图申斯基剧场

图申斯基剧场（Pathé Tuschinski Theatre），建于1921年，是装饰艺术风格的杰作，由波兰裔的亚伯拉罕·伊凯克·图申斯基（AbrahamIcek Tuschinski）建造。它的设计师本是荷兰建筑师希曼·路易斯·德·容（Hijman Louis de Jong），后来被图申斯基开除出项目组。这座剧院的石质立面上突出生锈的铜制窗框和装饰，非常壮观。

剧场内部十分豪华，它的主人坚持让设计师（区别于建筑师）用受新艺术运动影响的装饰艺术风格进行设计。直至今天，这座建筑也显得异常奢侈华贵，仍是阿姆斯特丹的瑰宝。

一个移民的梦想

图申斯基初到荷兰时身无分文，后来在电影业中名声大噪，开了四家电影院。图申斯基剧场代表着他的骄傲与喜悦，一经建成就成为城市地标性建筑。

疯狂的地毯

剧院门厅里的地毯长 50 米，最初在摩洛哥编织而成。这块地毯在 1984 年被替换，新的地毯也在摩洛哥制成，使用了同种线材编织，后经荷兰皇家航空公司（Dutch airline KLM）运送到荷兰。

大象图腾

在剧院的正面装饰着大象石刻。用大象作为雕刻图案并非常见的做法，因为那个时代装饰艺术流派的设计师们通常更青睐埃及装饰。

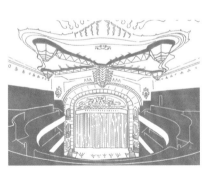

内在魅力

该剧院主礼堂的平面呈马蹄形，是一种经典的剧院平面布置。礼堂内融合装饰艺术风格的对称设计（见灯光的布置）和新艺术运动风格的有机线条组合。这些设计让礼堂被装点得十分漂亮，毫无疑问是这座建筑的核心区域。

剧院的"王冠"

剧院的顶部是两座塔，塔上放置铜制的穹顶塔，其表面由于生锈有些发绿。塔上装饰有铸铁栏杆，还附有灯笼和石雕。

门和窗

市政大楼（Municipal House，1905—1912 年）着实是一个缺乏想象力的名字，位于捷克布拉格，这座新艺术风格的建筑主要作为音乐会和歌剧的剧场。其主入口的设计也十分迷人，艺术家卡雷尔·斯皮勒（Karel Spillar）在入口上方用马赛克拼出"向布拉格致敬"的字样。

通常情况下，建筑类型决定了门和窗的具体设计要求——想一下办公室和家里门窗的不同之处。特别是对文化建筑来讲，这一推论格外准确。比如，美术馆需要大量自然光而又不能让阳光直射，而剧院的礼堂则完全不需要自然光。不过这两种建筑都需要突出强调它们的入口，来吸引游客的注意。

每个时代的建筑师们在设计文化建筑时都需要考虑上述所有因素，然后再匹配建筑风格与具体的要求，最终的效果往往十分壮观。

现代主义图书馆

约翰肯尼迪图书馆（John F. Kennedy Presidential Library and Museum），位于美国波士顿，建于 1979 年。它一面是排列整齐的方窗，另一面则完全是玻璃幕墙，这种对比设计是典型的贝聿铭（I. M. Pei）式现代主义风格。

新文艺复兴剧院

卡米莱剧院（Camulet Theatre），于 1900 年建于美国密歇根。这座建筑的入口处有一座砂岩门廊（或称能够过车的大门，porte cochère），为乘车来访者提供有屋顶的通道。在该剧院的全盛时期，这座门廊也供骑马或乘坐马车的来访者使用。

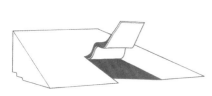

国际风格礼堂

伊比拉普埃拉礼堂（The Auditorio Iberapuera，2002—2005 年）是一个举办音乐会的场所，由著名的巴西建筑师奥斯卡·尼迈耶（Oscar Neimeyer）设计。这座国际风格的建筑入口处设有一个波浪形起伏的雨篷，与它完整均匀的三角形外观形成了鲜明的对比。

解构主义

丹尼尔·里伯斯金（Daniel Libeskind）为皇家安大略博物馆（Royal Ontario Museum）设计的扩建新馆（2007 年）极具他的标志性风格。建筑倾斜的外表皮上是巨大的碎片化的玻璃窗，相比之下它的入口设在一个小角落，显得很小。

融合派博物馆

基金会博物馆（Museumde Fundatie），位于荷兰兹沃勒市，它的风格融合了新文艺复兴与现代未来派。它宏伟的入口处（2010—2013年）设有一座非凡的椭圆形柱廊，上面镶嵌着巨大的玻璃板。

如前所述，门窗经常作为表现建筑的方式：它们是建筑立面上的"符号"，而且通常是惊叹号般的存在。建筑师们和使用者们都不能忽视门窗的功能需求。

对于窗来讲，进光量是一个永恒的话题——是尽可能多、特定的进光量还是完全不要；而建筑出入口是否能让人快速而安全通过也同样重要。优秀的门窗设计能够给来访者留下愉快的到访经历，同时也能应对紧急情况。

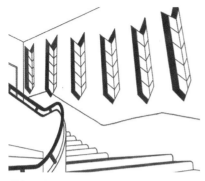

装饰艺术剧院

皮卡迪利剧院（Piccadilly Theatre，1938 年），位于澳大利亚珀斯。它楼梯侧面的窗户是漂亮的 V 形，装饰性大于功能性。窗户的形式和彩色玻璃表明它们是装饰艺术风格。

现代未来主义剧院

国家大剧院（National Centre for the Performing Arts，2007 年），位于中国北京。它巨大的半椭圆形玻璃幕墙的曲线与建筑形态完美的契合，从室内能够看到大量钢结构框架来支撑巨大的玻璃。

后现代主义美术馆

威廉姆斯学院美术馆（Williams College Museum of Art），位于美国马萨诸塞州威廉斯敦。美术馆的入口（1981 年）不同于建筑本身的古典风格，而是诙谐的后现代主义风格：排列了两组古典柱廊，而柱头的涡卷部分是吊在柱子上方的。

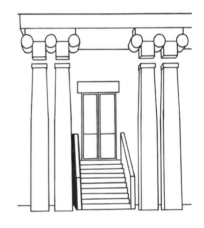

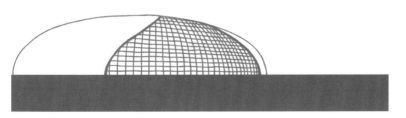

特色建筑——蓬皮杜中心

高技派英雄

　　起初公众并不喜欢蓬皮杜国家艺术文化中心，但后来巴黎和它的市民们开始喜欢这座建筑。这是因为由于它的出现，使现代艺术变得平民化，普通老百姓也具备欣赏的资格，这不再是精英阶层的专利。

　　乔治·蓬皮杜国家艺术文化中心（Centre Georges Pompidou）或许是世界上最知名的现代风格博物馆之一。它内部包括图书馆、音乐研究中心以及欧洲最大的现代艺术馆之一。由建筑师理查德·罗杰斯（Richard Rogers）和伦佐·皮亚诺（Renzo Piano）设计，建成于1977年，那个时候他们还没有创办自己的事务所。

　　蓬皮杜国家艺术文化中心是一座"高技派"风格（HighTech）的建筑，它采取了一种激进的设计方法，让机械设备和管线暴露在七层楼高的建筑外部，同时位于钢框架结构之内。这种"外框架"让建筑内部不需要柱子支撑，能够组织出丰富的空间。

外露的设备管线

  建筑外部的管线根据其功能标记了不同的颜色：水管是绿色的，电路是黄色的，空调管线是蓝色的，循环系统和安全设施是红色的。

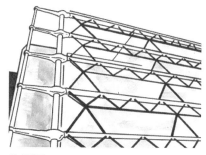

外部框架

  蓬皮杜国家艺术文化中心的外部骨架设计既是罗杰斯的杰出作品，同时也是高技派风格发展进程中的重要里程碑。它体现了建筑的结构美，同时创造出与其他任何流派都不同的美感。

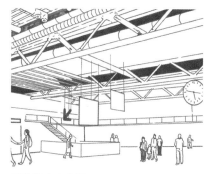

开放的室内空间

  外部的钢结构支撑着天花板上巨大的井字梁，将所有的荷载都传递到地基，中间不需要柱子的支撑，因此让室内形成了不需要柱子的完整空间。

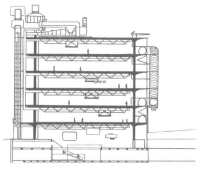

蓬皮杜的剖面

  通过这张剖面图可以看到，这七层楼里几乎全部的循环管线都设置在建筑外部——请注意观察图右边的管线。

装饰

后现代主义的色彩设计

澳大利亚国立博物馆（National Museum of Australia），由霍华德·拉根特（Howard Raggatt）设计，于1980年对外开放。这座建筑看上去十分复杂，颜色与形式错综交替，还融合了令人兴奋的后现代主义风格和混沌的解构主义风格。

大多数现代建筑师们很少使用"装饰"这个词，因为这不符合他们的设计理念。不过在之前的章节里我们可以看到，一些20世纪的建筑也同样使用了奢华的装饰。

文化建筑或许是所有建筑类型中与艺术发展联系得最紧密的，最具代表性的就是博物馆和剧院。像澳大利亚国立博物馆（National Museum of Australia）这种机构通常会邀请许多激进的建筑师来设计地标，这样做的效果是极其奢侈华丽的，有时候让人难以理解。通常这些与众不同的建筑在最初不被公众所看好，但时间长了他们的态度就会有所缓和，最终人们开始欣赏这些建筑为生活带来的变化。

装饰艺术剧院

在 20 世纪初期，装饰艺术将室内设计推向了新的高度。这把椅子属于美国华盛顿州斯波坎市的福克斯剧院（Fox Theatre），它上面刻有精美的浮雕图案是典型的装饰艺术风格，细节设计也十分精致。

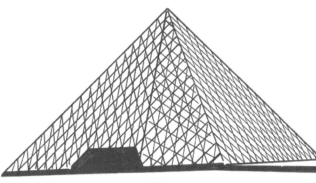

现代主义金字塔

这座玻璃金字塔（1989 年）位于巴黎卢浮宫（Louvre），它本身作为一个结构体存在，同时也是卢浮宫引人瞩目的装饰。这座金字塔像是一个巨大的菱形装饰，吸引着路人的目光。

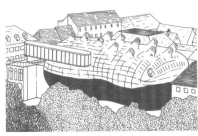

未来现代风格

昆斯塔乌斯（Kunsthaus，2003 年）位于奥地利格拉茨。它的造型本身令人惊奇，整个顶部布满疙瘩状的凸起，立面放置了成百上千个 LED 灯用作照明设施，艺术家可以在此进行灯光表演。

布扎体系风格

大皇宫（Grand Palais，1897 年）位于法国巴黎。其正立面的每个角度上都设有装饰。柱身的凹槽、柱头的涡卷、大量的雕塑和华丽的石瓮，这些特征都使大皇宫成为学院派建筑的经典之作。

交通建筑

简介

高技派机场

位于英国斯坦斯特德机场的国际航站楼（The International Terminal，1981 年），由福斯特建筑事务所（Foster + Partners）设计。巨大的管状钢框架支撑起相同构造的屋顶，最小化室内柱子的数量，让使用者最大限度地使用室内空间。

文化建筑、居住建筑、宗教建筑等都在现代社会中得到了发展，而交通建筑或许是它们之中变化最多的，尤其是这类建筑促进了旅游业的发展。铁路与航运系统在 20 世纪向全球扩张：早在 1910 年机动巴士就开始上路使用，1939 年美国航空公司开设了第一个机场休息室，这是商业航空业发展初期的一大创举。

建筑师们通过许多不同的方式来应对这些挑战。火车站成为交通系统中的核心，它们的列车棚呈巨大的拱形，覆盖多条铁路轨道。这种将建筑与工程结合的设计令人惊叹。火车站的设计偏实用型，机场则不同，从飞机跑道边的飞机库到候机厅，更像是属于飞行的盛大狂欢。

新文艺复兴与布扎体系的交通建筑，延续了维多利亚时期的建筑师们对火车站和码头的设计形式，这些新建筑风格的传播者试图为所有的交通枢纽打造新的建造形式。装饰派的建筑师们在他们的设计中体现了远洋航线的特色，建筑物像舰桥一样堆叠在一起，也经常使用航海风格的舷窗作为设计参考。现代建筑师们竭力让这些建筑的特定功能满足交通类型，这推动了经济的发展，同时未来派和表现主义的建筑师们（包括未来现代主义的建筑师们）挑战了传统的交通建筑设计模式，寻求一种超越了文字描述，有时甚至超出人们认知范围的设计，让世人再一次为之惊叹。

灿烂的文艺复兴

新西兰达尼丁火车站（Dunedin Railway Station，1906 年）是典型的佛兰德文艺复兴（Flemish Renaissance）风格，由乔治·特鲁普（George Troup）设计。它深色的玄武岩石雕与白色的石头装饰形成了鲜明的对比，营造出戏剧性的建筑风格。

建筑原型

交通建筑的原型取决于两件事：建筑类型和建筑所服务的交通工具的类型。不同于常常受到地理因素制约的居住建筑，交通建筑的设计大多是相同的，与地理位置无关。出于它们自身的特点，交通建筑通常规模很大，而且位于城镇的中心地带（机场除外）。这种特点影响着它们的设计：大多数交通枢纽只对外展现出一个外立面，其他的立面都是简单的墙体来保护室内部分免受天气影响。当然了，总有例外存在，你将会在下文中看到它们。

装饰艺术地铁站

亚诺斯高夫地铁站（Arnos Grove underground station，1932 年）位于英国伦敦，是一座古怪的装饰艺术风格建筑，它的售票处上方是一个引人注目的圆形大厅。砖墙和薄钢窗框的使用是当时公共建筑的典型做法。

布扎体系火车站

奥赛站（Gare d'Orsay）开通于1900年，位于法国巴黎，是奥尔良到巴黎的铁路终点站。建筑内部与外部都属于布扎体系风格，其令人惊叹的设计使法国政府在1978年将其列为历史纪念馆，现在作为博物馆使用。

极简主义汽车站

这座极具曲线美的混凝土结构，是西班牙卡萨雷斯之家（Casade Cácares，2004年）的汽车总站。由胡斯托·加利亚·卢比奥（Justo García Rubio）设计，采用单一材料形成涡卷状，覆盖包裹住建筑体的同时形成阴影和遮蔽。

先锋派火车站

东方火车站（Oriente Station，1988年）是先锋派金属雕塑的研究成果，位于葡萄牙里斯本，由圣地亚哥·卡拉特拉瓦（Santiago Calatrava）设计。无论是像鸟翼一样的入口还是火车轨道上方弯折的穹顶，它的结构体现了设计的简约性与复杂性。

现代主义机场

华盛顿杜勒斯国际机场（Washington Dulles International Airport）宽阔的翼状设计来源于建筑师埃罗·沙里宁（Eero Saarinen）作为设计师的直觉。这座功能齐全、外观美丽的机场于1962年投入使用。

未来现代主义火车站

威尔士纽波特火车站（Newport Station）的新主楼由两个巨大的椭圆形组成，看起来像是漫画书里的UFO。由格里姆肖建筑事务所（Grimshaw Architects）和阿特金斯工程师事务所（Atkins Engineers）设计，建成于2010年，两个候车室通过一条蜿蜒的银色桥梁连接，横跨火车轨道。

几乎在所有类型的现代建筑中都能找到交通枢纽的身影，无论是巨型棚屋还是建筑奇观。

随着20世纪建筑的发展，这些建筑的作用发生了变化，以便更好地适应人们的需求。以前人们只是需要一个遮风挡雨的地方来等候汽车、火车和飞机，而现在这些交通枢纽为了迎合消费者和社会的需求，包含了商店、酒吧、餐厅、咖啡厅和休闲区。此外，随着国际旅行的产生，还需要考虑安全问题，为此设计师们需要设计安检区来分离、检查乘客和行李。

虽然有许多因素需要考虑，但无论是何种风格，最好的交通建筑总能让人赏心悦目。

解构主义起船机

福尔柯克轮（Falkirk Wheel，2002 年）位于苏格兰中部，是一座大型起船机（boat-lift），取代了一系列船闸，设计精简到主要的工程构件。小船停放在巨大的移动水槽内，随着巨大的齿轮旋转 180° 被抬起。

后现代主义机场控制台

位于格鲁吉亚的巴统机场控制塔（Batumi Airport Control Tower，2007 年）是一座后现代主义或先锋派小型建筑，它为周围单调的环境增添了一丝趣味。建筑师们很好地协调了功能与趣味的关系，效果极佳。

新文艺复兴风格火车站

美国的圣何塞火车站（Diridon Station，1935 年）简约而优雅，从它对称的造型和整体风格来看，是一座新文艺复兴风格的建筑。高耸的罗马风格拱门与砖砌建筑交相呼应，檐口部分只有一些简洁的装饰。

材料与构造

20 世纪的建筑师们在设计交通枢纽时将这句话牢记在心：大型建筑设计面临的首要问题是怎么把建筑做大。无论是过去还是现在，混凝土都是深受建筑师们喜爱的材料。与此同时，钢材也开始成为结构材料中的中坚力量。

尽管如此，交通建筑的设计发展没有任何阻力。这些大跨度、重型承载结构同时拥有精美的细节和雕塑般的造型。它们的最终效果往往令人惊叹，同时容许想要乘坐巴士、渡船、飞机和火车的人们进入使用。

美丽的钢结构

沃克斯豪尔公交总站（Vauxhall Crossbus terminal，2004 年），位于英国伦敦，由奥雅纳建筑事务所（Arup Associates）设计，该事务所隶属于奥雅纳工程集团的建筑分部。这座未来现代风格的公交站位于城市核心区，其顶部使用了波浪形起伏的钢结构，折叠部分的末端用作办公空间和候车区。

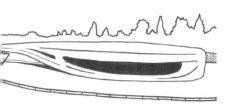

"口吐白沫"

鲸鱼颚（Whale Jaw，1999—2003 年）是荷兰一个古怪的公交车站的名字，由尼奥建筑事务所（NIO Architecten）设计。它的结构采用了膨胀泡沫塑料，外面涂上了透明的硬质环氧树脂。这种结构很难归类。

玻璃！玻璃！玻璃！

波特兰国际机场（Portland International Airport）接送客区域拥有一个巨大的玻璃屋顶（1997 年），该屋顶悬挂在细钢杆上，看起来像是漂浮在地面上方。

匠人风格

约塞米蒂国家公园汽车站（Yosemite Falls bus stop）位于美丽的旷野腹地，是一座呼应环境的工艺美术风格的建筑。车站使用的石头与木材都是就地取材，与环境完美融合。

混凝土雕刻

位于苏格兰的伦弗鲁机场航站楼（Renfrew Airport terminal，1954 年）是最早一批混凝土建筑中的杰作，不过现在已经关闭了。该建筑很显然是装饰艺术风格，不过它最大的亮点还是材料本身以及由材料创造的形式。

开辟新天地

位于日本的横滨国际客运中心（Yokohama International Port Terminal，2002 年）是港口建筑中的奇迹。这座建筑由英国的 FOA 建筑事务所（Foreign Office Architects）设计，由人行道和屋顶绿化组成，作为拥挤城市中的开放公园。

一些交通建筑的规模大到令人难以理解，尤其是当你意识到某些情况下，在建造建筑之前需要先建一座岛屿。我们现在所说的是大型建筑项目，比如中国香港国际机场（HongKong International Airport，1992—1998 年）建在填海而成的赤鱲角（Chek Lap Kok）上，马德拉机场（Madeira Airport）在 2000 年进行了扩建，将跑道部分建在山一侧的立柱上。

这些惊人的建筑壮举归功于工程和建筑的创新，有了工程师们的技术支持，建筑师们才能不断地突破现有的设计。

"编织"金属

沃尔布火车站（Worb Station，2003年）位于瑞士伯尔尼，该火车站车棚是一座长方形的建筑，用于停放未使用的火车。它的设计很独特，建筑师们将带状不锈钢穿过垂直杆件，创造出了一种建筑奇观。

圆柱形停车场

英恩霍文建筑事务所（Ingenhoven Architects）设计了一个圆柱形的多层停车场，上升的混凝土坡道像开瓶器一样。它的结构隐藏在薄的木质百叶窗里，从外部伪装了这座建筑的用途。

生态设计

荷兰阿姆斯特丹史基浦机场（Amsterdam Airport Schiphol）的屋顶是一片绿地。覆盖的绿植为其下部的建筑提供了绝佳的隔热效果，同时有助于吸收每天来往车辆释放的二氧化碳。

特色建筑——美国纽约环球航空公司飞行中心

美国纽约环球航空公司飞行中心（TWA Flight Center）开放于 1962 年，曾经是纽约艾德怀尔德机场（NewYork's I dlewild Airport）唯一的航站楼，这座机场也就是现在人们熟知的肯尼迪国际机场（John F. Kennedy International Airport）。直到今天，它可能仍然是世界上最具辨识度的航站楼之一。

建筑师埃罗·沙里宁（Eero Saarinen）希望这座航站楼能够唤起飞行的感觉，所以将建筑设计成鸟翼形，"鸟翼"和其余部分都采用了混凝土作为结构材料。建筑内部通过正面巨大的椭圆形玻璃幕墙增大了视野范围，让人们观赏来往起落的飞机。

出发时刻表

这可能是有史以来最优雅的出发时刻表和服务台，沙里宁通过弯曲而完整的形式将服务台与出发时刻表合并到了一起，这无疑影响了许多当下的设计师，比如扎哈·哈迪德（Zaha Hadid）和于尔根·迈尔（Jurgen Mayer）。

平面形态

这座航站楼鸟翼形的平面表明了它不同寻常的形式，建筑师在其他地方也延续了这种曲线设计。这张图片上部有两座阶梯，乘客需要在登机和下机时经过它们。

主要室内空间

巨大的椭圆形窗户让光线涌入这座内部空间奇特的航站楼。建筑师设计了通高的楼梯和走廊让乘客到达观景平台、酒吧和餐馆。

门和窗

　　在这一部分，门和窗的意义有所改变，最好不要将它们视为传统意义上为住宅设计的门窗，而应该当成是能够让人快速进出的入口，并且最大限度地引入日光，为巨大的室内空间提供照明。无论是机场、火车站还是公共汽车站，占主导地位的都是大量通行的行人，所以入口和玻璃元素都作为建筑机械化运作的一部分，用于确保行人通行以及建筑内部活动有秩序地进行。不过这些需求绝不会阻止建筑师们在这些交通建筑上展现自己的设计能力，门和窗是打破这些巨大建筑体的绝佳选择。

装饰艺术风格机场

美国长滩机场（Long Beach Airport，1941 年）主楼的窗户乍一看非常实用，但仔细看会发现，上层采用了传统的设计，而底层窗户的水平装饰暗示了装饰艺术风格。

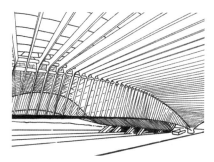

先锋派火车站

比利时列日居尔曼高铁火车站（Liège-Guillemins train station）的整个屋顶都是玻璃的，由先锋派工程师、建筑师圣地亚哥·卡拉塔拉瓦（Santiago Calatrava，2009 年）设计。细长的屋顶水平支撑结构横跨火车站的入口，其上是透明的玻璃面板。

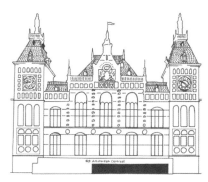

新文艺复兴风格火车站

这个三开间的三拱窗是阿姆斯特丹中心火车站（Central Station，1882—1889 年）的核心。这座新文艺复兴风格的建筑设计十分精彩，除了底部的现代主义风格的入口——它是一个纯粹的功能附属物，完全脱离于上部的古典设计。

殖民复兴

这个拱形入口看起来更像是通往西班牙农庄或酒吧，而不是通向圣菲达火车站（Santa Fetrain station，1935 年）。它位于美国加利福尼亚州帕萨迪纳，是一座西班牙风格的殖民复兴建筑。这座建筑现在是一家餐厅。

门和窗常常预示着建筑内部的功能，在这一点上交通建筑和其他建筑没什么不同。比如说，一座宏伟的文艺复兴或学院派风格的拱门，伴随着巨大的柱廊和戏剧性的横梁，通常表明这是一个古典火车站，如果内部是锻铁的巨大拱形结构，那它通常建于世纪之交。相反，一个由玻璃和钢作为结构材料的高技派机场，通常采用透明门，与整个玻璃表面融为一体。它的设计纯粹是为了功能，室内巨大的候机厅干净明亮，没有任何不必要的装饰。

新艺术运动地铁站

巴黎地铁（Paris Metro）的入口不是门或窗，而更像是一个指示牌，在引导人们进入地下铁路系统。在 20 世纪早期，新艺术运动派的建筑师们会采用这种漂亮的有机形式。

国际风格机场

　　纯粹的国际风格建筑很容易辨识，因为它们没有任何装饰。美国塔尔萨国际机场（Tulsa International Airport，1928 年）是国际风格理想化的代表作，它的平屋顶、细柱子和玻璃板在功能上完美融合。

现代主义风格

　　洛杉矶国际机场主题大楼（LAX Airport Theme Building）的酒吧区设有向外倾斜的玻璃，能向外看到令人目眩的景色。这座建筑由佩拉雷与拉克曼建筑事务所（Pereira &Luckman）设计于 1961 年，它酷似宇宙飞船的造型是典型的现代主义设计。

未来现代主义机场

　　中国深圳宝安国际机场（Shenzen Bao'an International Airport，2012—2014 年）去往登机口的通道采用了覆盖的管状结构，上面覆有透明玻璃板，被巨大的斑点状天窗打断。这座建筑显得超凡脱俗，很显然是 21 世纪的设计。

解构主义机场

　　西班牙萨拉戈萨国际机场（Spain's Zaragoza International Airport，2007 年）的雨篷阻挡了日光对入口和建筑玻璃表面的直射，看起来并不连续并且抬升了奇怪的角度。这是一个有趣的设计公司，名为维达尔建筑事务所（Vidaland Associates Architects）。

特色建筑——滑铁卢国际铁路枢纽

位于英国伦敦的滑铁卢国际铁路枢纽（Waterloo International Rail Terminal）花费了 1.2 亿英镑，由格里姆肖建筑事务所（Grimshaw Architects）设计，于 1993 年完工。它是伦敦第一个国际铁路枢纽，为往返于巴黎和伦敦之间的欧洲之星列车服务。

火车站主要是一个蛇形的火车棚，停放开往欧洲的长列车。它采用了建筑师尼古拉斯·格里姆肖（Nicholas Grimshaw）最著名的高技派风格。这座 1993 年新建的火车站旁边就是学院派风格的老滑铁卢车站，建于 19 世纪中叶。现在这两座车站合并成了一个投入使用，从室内看不出它们的边界，这是由于室内进行了重新装修和一体化设计，抹掉了旧站台的痕迹。

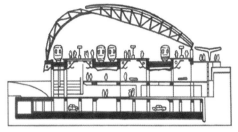

建筑剖面

　　将建筑剖切开来，能看到它内部的层次。该火车站的最下层是停车场，其上两层是乘客区，包括海关和安检区。最上层是火车站台，与室外地坪等高。

建筑立面

　　该车站的设计主要是针对其具有空间构架的屋顶，然而建造所产生的大部分费用在于挖掘和建设位于地下的建筑辅助设施。

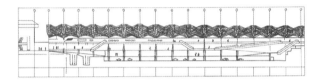

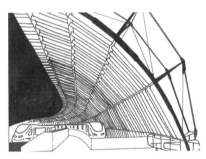

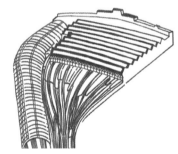

空间构架

　　这座火车站长达400米的屋顶由空间构架支撑，由细长的杆件和节点组成的格状结构相互连接形成牢固的框架，屋顶悬挂于其上。这样的设计表明了这座建筑不需要任何内部的柱子来支撑。

曲线平面

　　新火车站的弯曲屋顶比它旁边的老滑铁卢火车站的顶棚长得多，这样的设计是为了容纳更长的欧洲之星列车，通常情况下两列列车会依次停放在同一条轨道上。这座火车站在建造的时候周围的建筑都是现存的。

装饰

高技派色彩

最近在西班牙阿道夫·苏亚雷斯马德里-巴拉哈斯机场（Adolfo Suárez Madrid-Barajas Airport，2006年）修建的四号航站楼，是在建筑中使用色彩的优秀案例。每一根结构立柱与紧挨的两根在色调上都有轻微的差异，最终在航站楼的全长上形成了彩虹的效果。这座建筑是一个以大胆用色著称的案例，由罗杰斯·斯特克·哈伯建筑事务所（Rogers Stirk Harbour + Partners）设计。

交通建筑有装饰吗？它们当然有。然而，正如我们之前提到的，装饰通常与建筑的功能需求联系在一起，而非纯粹的美学原因。

这种观点得到了许多现代主义建筑师们的认可，尤其是那些设计了许多世界上最大、最复杂的交通建筑的建筑师们。随着以新文艺复兴和布扎体系为代表的古典风格的消亡，交通建筑开始成为一种独立的建筑类型，而不是看起来像是一个华丽的庄园或市政厅。建筑师们为其设计了适当的功能，建筑据此改变了它的造型。随之而来的是一种新的美学风格，所有的装饰物都暗示了建筑的功能。

布扎体系火车站

　　莫桑比克的 CFM 火车站（CFM Railway Station）是古典风格魅力的最后捍卫者。这座布扎体系火车站建于 1916 年，至今保存完好。它的顶部覆盖有一个青铜穹顶，石雕色彩的巧妙运用提升了设计品质。

装饰艺术风格火车站

　　芬兰赫尔辛基中央火车站（Helsinki Central Railway Station）主入口的两侧有两对手持球形灯的雕塑，是这座装饰艺术风格建筑的一部分，由埃利尔·沙里宁（Eliel Saarinen）设计，建成于 1919 年。

古典折衷主义火车站

　　图中魅力十足的建筑是荷兰安特卫普中央火车站（Centraal Station，1895—1905 年）。这座古典火车站的彩色石雕、镀金雕塑、钟楼和锻铁顶棚组合在一起，和谐得惊人。

现代雕塑

　　位于格鲁吉亚的塔玛皇后机场（Queen Tamar Airport）的新建筑是一个全新的类型。建筑师于尔根·迈尔（Jurgen Mayer）避开了传统的理念，设计了一座多种功能的建筑，它成为东欧国家现代未来派的标志性作品之一。

教育建筑

简介

粗野主义教育

英国利兹大学（Leeds University）的罗杰斯蒂文斯大楼（Roger Stevens Building）属于粗野主义（甚至有些后现代主义），是激进建筑在高校圈里繁荣发展的典型代表。它建于 **1970** 年，现已成为二级保护建筑，被视为重要的资产。

教育建筑（除了大多数大学之外，还包括学校、学院、图书馆和研究所）一直是建筑师们的最爱，用来尽情展现他们的技能。也许是因为一个建筑师在学成之前需要在学校待很多年，又或许因为学校里的学术权威们通常很有远见，能接受那些激进的建筑理念，而在商业领域，建筑师们更多的是被利益与价值盈亏驱使。

无论是公立还是私立的教育建筑，它们的设计预算是根据日常使用得出的，不过也具有其他功能：吸引学生进入这些学校。考虑到这一点，这些新建筑的委托人通常会寻求最宏大的建筑名称，让这些学校在地图上成为地标性建筑。这样做的结果通常不会令人失望：从 13 世纪牛津大学和剑桥大学建立开始，这些教育建筑就以极其宏大的姿态被委托并建造。不过也有许多不成功的案例，它们大多是因为设计得不够灵活多变，无法让室内的教学活动适应时代的变化。今天的建筑师们在设计教育建筑时，不仅需要让媒体轰动，而是需要让建筑能经得起时间的考验，以适应传统的、新的甚至是尚未实现的学习方式。

这的确是一个繁重的任务，但是建筑师们仍然不懈努力着，因为成为地标的出色校园建筑能够改变职业生涯，带来建筑新星。

现代美国建筑

位于美国马萨诸塞大学的默里·D·林肯校园中心（Murray D. Lincoln Campus Center，1969—1970 年）表明，现代主义、野兽派的建筑并不是英国或欧洲人的专利。这座作为校园中心和酒店的大型建筑由马歇·布劳耶（Marcel Breuer）设计。

建筑原型

国际风格学校

美国伊利诺伊理工学院的 S. R. 皇冠大厅（S. R. Crown Hall, 1950—1956 年）是由玻璃和钢结构之父路德维希·密斯·凡·德·罗（Ludwig Mies van der Rohe）设计，它的线条简洁，装饰极少。这种简约的美学设计是国际风格的最佳选择之一。

只要人类一直在努力学习，教育建筑就一直存在，小到只有一间屋子的学校，大到能容纳数千人的大学校园。在这两个极端中，前者缺乏建筑魅力纯粹是由于它有限的尺度；相反，大型校园建筑和公共图书馆会建成各种奢华的古典风格，比如洛可可、巴洛克和安妮女王风格等。不过随着现代主义的开始，这一代建筑师们能够将小型学校也完全设计成一种风格，不需要为了适应一种风格而花费大量的时间和金钱来设计装饰。"形式追随功能"这句名言恰当地应用于现代的学校以及在教育领域蓬勃发展的建筑。

工艺美术风格学校

弗兰克·劳埃德·赖特（Frank Lloyd Wright）非常相信教育，所以他在美国亚利桑那创办了自己的建筑学校——塔里埃森（Taliesen，1911 年）。赖特将这些建筑精心制作成景观的一部分，同时由于他对于工匠精神的追求，墙体采用了巨大的河石制成。

新艺术运动学校

这所德国的高中是典型的日耳曼风格建筑，同时也属于新艺术运动风格。它的一些小特征暗示了这并不是德国的常用风格，比如说中国式的屋顶、侧壁的砖砌图案和木质圆顶塔。

布扎体系教学楼

芬兰赫尔辛基大学的主楼（1952 年）由卡尔·路德维希·恩格尔（Carl Ludvig Engel）设计，这座学院派风格的建筑建于19 世纪中叶。在第二次世界大战遭到轰炸之后，依照原风格进行了全面的重建。

新文艺复兴风格培训大楼

师范学校是教师培训中心，以要求老师的标准或"行为准则"教育孩子。位于美国加利福尼亚州圣地亚哥的州立师范学校培训大楼（State Normal School Training Building，1904 年），它尽可能少地使用装饰，是一座端庄秀丽的新文艺复兴建筑。

建筑师们在介绍任何建筑项目的时候都会说它是最贴合设计意图的，不过对于教育建筑来讲还有一点，它可以展示建筑师的最高专业水准，同时让使用者真正享受建筑的品质，毕竟在往来的人中，多数未来会在各自的专业领域中大有建树。

　　考虑到这一点，威尔·艾尔索普（Will Alsop）这样的建筑师们设计出了夏普设计中心（Sharp Centre for Design）等杰出的地标性建筑。这些建筑兼具标志性与实用性，也在不断挑战该时代的建筑类型与结构承载力的界限。最终这些建筑让使用者和路人都十分惊艳。

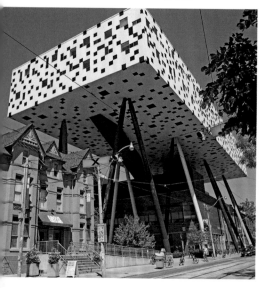

后现代主义设计中心

　　夏普设计中心（Sharp Centre for Design，2004 年），位于加拿大多伦多，因其独特的后现代风格而闻名。它内部设有教室，支撑在距地面四层高的彩色金属杆上。这座建筑赢得了无数国际奖项。

先锋派图书馆

建筑师雷玛·皮埃蒂拉（Reima Pietilä）设计了芬兰的坦佩雷城市图书馆（Tampere City Library），开放于 1986 年。他是最早提出有机建筑概念的建筑师之一，虽然从现在的概念来看，他所讲的有机概念更像是仿生建筑。鸟瞰是这座图书馆的最佳欣赏角度，在这个视角上，它鹦鹉螺般的曲线屋顶一览无余。

解构主义学校

由库柏·西梅布芬事务所（又称蓝天组）（Coop Himmelblau）设计，洛杉矶九号高中（Los Angeles's Modern High School 9 号）是一所表演艺术学校，同时也是一个宏大的建筑宣言。这座建筑的设计十分独特，而且从它分散的元素和奇怪的倾斜方式来看，这样的形式很明显是解构主义作品。

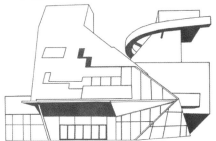

现代主义大学

在 20 世纪 60 年代建设的大多数教育建筑中，利物浦大学（Liverpool University，1962 年）的土木工程大楼即使没那么激动人心，也算是一个不错的例子。混凝土框架与填充板的组合让整个工程既快速又低廉。

风格融合

位于苏格兰的爱丁堡龙比亚大学（Edinburgh Napier University，2004 年）商学院包含一座翻修的历史建筑和侧面的现代教学中心，它们通过一个异域风格的椭圆形中庭连接起来。这座建筑由 BDP 建筑事务所（architect BDP）设计，以其大胆融合的多重风格来挑战来访者的视觉体验。

材料与构造

混乱的金属

41号库柏广场（41 Cooper Square，2009年）位于美国纽约库柏联盟校园内，它巨大的金属网格表皮中间延伸出一条锯齿状的裂缝。这座建筑由墨菲西斯建筑事务所设计（Morphosis），它的表皮是玻璃的，外面覆盖一层网状金属结构用来遮挡阳光，同时吸引路人的注意。

　　教育建筑和办公楼在很多方面都非常相似，毕竟它们的功能都是容纳一大群人每天进行重复的工作。不过，办公建筑的设计通常都受到财务限制，而教育建筑自古以来都留有更大余地，使用了更高质量的材料和更特殊的技术来创造出个性化的氛围。

　　我们即将在本部分揭示这些特点，以卓越的建筑之名让这些普通的元素变得非凡。同时我们也不会忘记那些普通的教育建筑，我们大多数人在少年和青年时期都体验过这样的建筑。

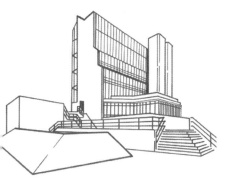

砖与玻璃

英国剑桥大学历史学院（Faculty of History，1968 年）是一座设计精良的建筑，因为它在玻璃和砖这两种常见材料中找到了微妙的平衡。红砖部分和玻璃部分相得益彰，让这座建筑物引人注目同时让访客觉得易于辨识。

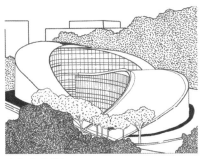

全部种植草坪

新加坡南洋理工大学的艺术设计媒体学院（the School of Art，Design and Media at Nanyang Technological University，2014 年）的屋顶拥有连绵不绝的曲线，上面种植着茂盛的草坪，这些自然的覆盖物让屋顶的形式比传统的表面更加引人注目。

钢铁

西班牙圣豪尔赫大学（SanJorge University）传媒学院（the School of Communication，2007 年）的建筑师们使用钢结构在多层窗户上进行框景，这种现代建筑师的惯用手法能够用最少的材料取得最大的效果。

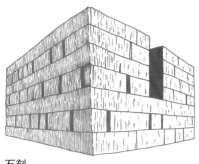

石刻

位于西班牙圣地亚哥·德·孔波斯特拉的音乐研究中心（Santiago de Compostela，2002 年）是一座校园建筑。它的外表面是由石块雕刻出来的，看起来坚不可摧，而室内白色的墙壁和顶灯则给人完全不同的感觉。

现代圆形剧场

英国牛津大学的弗洛里大楼（Florey Building）建成于1971年，由詹姆斯·斯特林（James Stirling）设计。红色的陶瓷砖和玻璃构成了圆形剧场的形状。它的内部是学生宿舍，从窗户能俯瞰河流。

教育建筑的设计非常复杂，需要许多不同的元素。不过按照"形式追随功能"的现代主义信条来设计是个不错的选择，20世纪的建筑师们秉承着这句话接受了设计学校、学院和大学的挑战。

这些设计通常都是由有屋顶或露天走廊连接的多个建筑物的组合，大小、尺度和规模取决于建设的类型和用地范围。近来，全透明的落地窗已经成为建筑设计至关重要的元素。

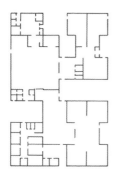

19世纪60年代的开放式平面

这是一所面向5~8岁孩子开放的学校的平面布局，它表明了最早的开放式教学理念产生于20世纪60年代。开放的教室能够获得更大的空间，以便同时教授不同的课程。

优秀的木材使用

位于英国斯劳的兰利学院（Langley Academy，2008年）由福斯特建筑事务所（Foster + Partners）设计，用以取代一所老旧的中学。这座建筑的一个突出特点就是它光滑的木制外壳，在开放时让其备受关注。

预制化

第二次世界大战之后，英国涌现出大量预制化建筑来修复战后破坏。这所由预制混凝土板建造的学校就是一个很好的例子，代表了从20世纪50年代一直到20世纪70年代英国使用的预制化多层建筑设计。

艰难的过程

使用混凝土并使之有趣。这所位于葡萄牙里斯本的中学安置于混凝土桥墩上，上面还有不同形状的孔洞。这个简单又新颖的想法将普通的结构元素提升到了另一个层次，让孩子们能够开心地玩耍，甚至被建筑师的先见之明启发。

特色建筑——德绍包豪斯学校

设计学校

位于德绍包豪斯学校的宽敞玻璃墙体现了它的国际风格。瓦尔特·格罗皮乌斯（Walter Gropius）希望这所学校代表建筑界的未来。在他建造这所学校时，他的设计仍处于当时建筑思想的前沿。

位于德国的包豪斯学校（Bauhaus），由建筑师瓦尔特·格罗皮乌斯（Walter Gropius）建立于 1919 年，这所学校的设计初衷是将所有的工艺美术形式集合到一起，创造出统一的艺术和设计。包豪斯的理念引起了现代主义建筑师们的共鸣，从 20 世纪 20 年代中期开始对现代主义建筑产生了深远的影响。这所学校经历了从魏玛到德绍再到柏林的几次搬迁，几任校长依次为格罗皮乌斯（Gropius）、汉斯·迈尔（Hannes Meyer）和路德维希·密斯·凡·德·罗（Ludwig Mies van der Rohe），他们都是著名的建筑师。

位于德绍的学校于 1931 年关闭。包豪斯学校在柏林短暂恢复一段时间，但最终在 1933 年永久关闭了。今天人们在德绍校址纪念这所学校，格罗皮乌斯在管理魏玛校区时曾在这里建造了一批国际风格的建筑，这些建筑现在仍然存在。

时代的标志

用于"包豪斯"标志的字体样式在今天看起来很常见，但在那个时代这些字体是极其现代主义的。缺乏装饰性的外观让它与古典字体区分开来，体现出一种干净而新颖的美学感受。

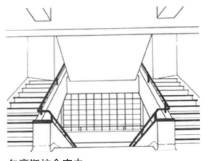

包豪斯校舍室内

这所学校的室内设计完全是现代主义风格。虽然像楼梯间之类的通过型空间缺乏魅力，但由于自然光的涌入让它变得宽敞、开放而且吸引人，这些设计完全契合它们的功能，具体的形式也由此而来。

可移动部件

校园建筑上一排排的窗户是为了进行空气流通，不过格罗皮乌斯（Gropius）不想让它们随机打开，所以巧妙地采用了一个杆件与铰链系统来同时打开或关闭整排窗户。

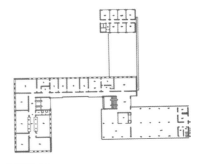

平面布局

德绍校区分为两座建筑与三个区域，用连廊将它们连接。从平面上看，技术学校位于左侧，里面包括教室和实验室，车间大楼位于右下方的三层建筑，而右上方的单层区域包括食堂与礼堂。

门和窗

作为一个学习场所，它的入口应该看起来很庄严不是吗？毕竟，你即将通过这个入口去往一个拓展思维的地方，这是一件重要的事。许多古典风格的大学入口设计都很像是一座大教堂，不过现代主义的建筑师们（主要是指从 20 世纪 30 年代开始从事设计行业的建筑师）会怎么处理这个问题呢？

现代建筑也可以像古典建筑一样宏伟，但通常它们让人惊艳的地方是来源于建筑整体效果，而不是具体的细节（比如说环境或门窗）。现代建筑师们常常会将进入建筑的路径设计得十分有趣，而后现代主义风格的建筑师们……那就让我们一起来看看下面的建筑。

后现代主义大学

这座建筑是澳大利亚墨尔本皇家理工大学（Royal Melbourne Institute of Technology）斯托里大楼（Storey Hall）的附属物，由 ARM 建筑事务所设计（Ashton Raggatt Mc Dougall），建于 1995 年。相比于周围的古典建筑，它另辟蹊径的入口和不同寻常的窗户布局是一种后现代主义风格（甚至是卡通风格）的回应。

新文艺复兴风格校园建筑

这个漂亮的拱形窗户属于美国德克萨斯州立大学战斗厅（Battle Hall，1909—1910 年），它表明了新文艺复兴风格的建筑是如何从历史中脱颖而出的。罗马风格的拱券和划分出小格子的玻璃窗都是该风格的典型设计，它的历史可以追溯到美国建立之前。

新艺术运动艺术学院

苏格兰格拉斯哥艺术学院（Glasgow School of Art，1897—1909 年）一系列的窗户和入口，表明了 20 世纪初新艺术运动时期的建筑师们的设计范围。可以观察一下这些窗户中不同大小的窗格和通往入口的楼梯曲线。

现代主义研究所

由路易斯·康（Louis Kahn）设计的萨尔克研究所（Salk Institute，1965 年），位于美国加利福尼亚州拉霍亚，是建筑师设计理念中一次理智的妥协。康在设计前期研究了修道院，并将它们的影响融入他的现代主义混凝土杰作中，包括这些位于混凝土板之间带有简易窗户的隔间。

现代古奇建筑

位于加利福尼亚州富勒顿的霍普国际大学（Hope International University，1960 年）的主校区是在美国称为"古奇风格（Googie style）"的建筑，它的设计受到了运输时代的影响，包括汽车、飞机甚至太空旅行的影响。

解构主义图书馆

美国西雅图公共图书馆（Seattle Public Library）是一个解构主义杰作，由雷姆·库哈斯（Rem Koolhaas）和约书亚·普林斯-拉莫斯（JoshuaPrince-Ramus）设计，建成于 2004 年。从外观上看，像是银色格子的外表面下面成排的窗户，不过进入内部之后则并非如此。它的表皮是玻璃的，包裹在细长的钢框架之内。

特别是对于现代主义的建筑来讲，建筑物上的开口可以定义一座建筑，或者被建筑定义。门和窗是功能设计中必不可少的元素，不过它们的作用也不止于此。风格趋向极简主义的建筑师们认为满足门窗的需求非常有挑战性，而后现代主义风格的建筑师们将其视为一个嘲弄现代主义进程的机会。但最终这两种风格都需要解决这些问题，就是保证其是可供使用的。门和窗几乎是所有建筑物中最具辨识度的两个要素。

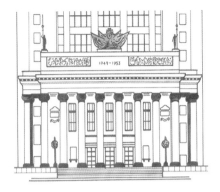

装饰艺术风格图书馆

俄罗斯莫斯科国立大学图书馆（Moscow State University Library, 1948—1953 年）是苏联风格和装饰艺术建筑的完美结合。这座建筑纯粹的纪念性被垂直方向的窗户和门口的金色玻璃屏幕所中和。

高技派会议中心

捷克共和国兹林会议中心（Congress Centre, 2011 年）的外表面周围曲折环绕着一系列的屏风，上面由玻璃砖填充。这座建筑由伊娃·基里卡建筑事务所（Eva Jiricna Architects）设计，玻璃和钢铁的结合表明了它的高技派风格。这一排排的玻璃砖在夜间会发出柔和的粉色光和紫色光。

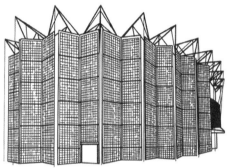

未来现代主义大学

苏格兰阿伯丁大学的一座建筑外墙（2012 年）是由巨大的玻璃制成的，采用了透明和半透明的玻璃板。玻璃墙直逼地面但又不与地面相连接，这种设计使得入口看起来消失在断开之处。

特色建筑——大英图书馆

英式砖构

这座图书馆被誉为世界最大是由于它超过1.5亿的馆藏量，包括1400万册图书。它们中的大多数储存在四层地下室里，如果将它们首尾相连都放在书架上会有300千米长。

从建筑师科林·圣约翰·威尔森（Colin StJohn Wilson）被委托设计大英图书馆之日起，这座建筑用了整整27年才建成（1971—1998年）。这个项目建立的是20世纪英国最大的图书馆，面临了诸多挑战，包括地点变化与资金危机。不过今天这座建筑物伫立在这里，是威尔森坚持不懈的证明。这座严格的现代主义设计受到了同样多的尊敬与讥笑，某种程度上是由于它后期的大规模超支。这座建筑完全由红砖建造，芬兰建筑师阿尔瓦·阿尔托（Alvar Aalto）经常使用这种材料。带围墙的庭院里放置着爱德华多·包洛奇（Eduardo Paolozzi）和安托尼·戈姆利（Anthony Gormley）的雕塑作品，还带有一个比许多房子还大的入口大门。

入口

先发制人是关键。大英图书馆的入口就是这样做的。全用红砖建造的入口有四层楼高,上面将建筑的名字刻在石头上,庞大的入口说明后面有海量的馆藏。

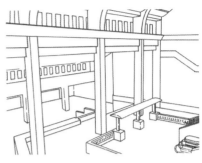

室内正厅

进入图书馆之后,访客们会到达正厅,这个巨大的空间包含通向上层的自动扶梯和能俯瞰主阅览区的阳台。当人走进来时,倾斜的白色天花板强调了建筑的尺度和庄严之美。

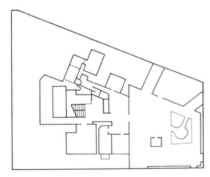

平面布局

建筑本身同场地一样是一个楔形,宽敞的庭院为建筑创造出一个可以列队游行的入口广场,同时用高大的砖墙遮挡公众的视线。

稀有书籍档案馆

锁在玻璃柜子里的是 6.5 万本由乔治三世收藏并赠送给国家的书籍和手稿。它们被保存在一个六层高的玻璃金字塔里,内部可以调节微气候,它们被命名为国王图书馆。

装饰

多彩的设计

位于德国勃兰登堡大学的科特布斯图书馆（Cottbus Library，1998—2001 年）由赫尔佐格和德梅隆建筑事务所（Herzog & de Meuron）设计。在室内，建筑师们使用了真正戏剧性的颜色，将本就不同寻常的有机设计提升到更高的高度。

古典时期的装饰是显而易见的，它们几乎是所有建筑的先决条件，无论是住宅还是医院。不过当建筑师们开始遵循现代主义的设计原则，装饰成了一种精巧的设计元素，涡卷和壁柱都不复存在，建筑师们开始青睐风格化的砖图案和颜色与材料肌理的简单对比。这同样适用于教育建筑，设计师们希望它得到关注，但不是以牺牲它们的风格为代价。同时在创造建筑时也使用了不同的工具，而且不违背设计师们在学校习得的设计风格。

新艺术运动的艺术品

比利时安特卫普的鲁道夫斯坦纳学校（Rudolf Steiner School，1901 年）的窗户是个奇妙的有机拱形，建筑元素周围延伸的壁画强调了这扇窗。这是新艺术运动风格的常见设计做法。

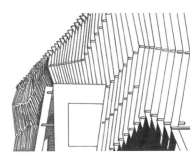

有趣的形式

位于奥地利莱奥本蒙坦大学的 2010 演讲厅（The 2010 lecture theatre at Montan University）的外观看起来像一系列冲出建筑的起伏鳞片，这是一个通过装饰形式让建筑成为出色的城市景观的优秀案例。

建筑雕塑

约翰·D·梅斯克中心（John D. Messick Center，1963 年），位于美国俄克拉荷马州塔尔萨市奥罗 - 罗伯茨大学（Oral Roberts University），它众多纤长的柱子在热闹的校园中熠熠生辉，由弗兰克·华莱士（Frank Wallace）设计。他将该建筑想象成场地上的一尊雕塑，并用这种方式做了不少其他建筑设计。

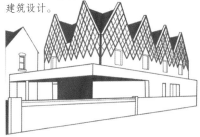

漂亮的砖

砖砌物并非总被认为是漂亮的或是作为艺术性的装饰，不过在这个案例中并非如此。英国埃塞克斯郡布伦特伍德学校（Brentwood School，2011 年）内奢华的联排人字形屋顶（multiple-valleyed roof，2011 年）与菱形的砖砌抬升结构结合在一起，砖砌结构凸出在山墙之外。

休闲建筑

简介

伟大的过去

位于布莱顿附近的索特甸露天泳池（Saltdean Lido，1937—1938年）是20世纪30年代风靡英国的装饰艺术风格的绝佳例子。虽然它在今天看起来有些许破旧，但是这些装饰风格的细线和曲线仍然让这座建筑看起来十分庄严。

许多建筑都能被称为"休闲建筑"，比如说公共或私人游泳池、健康水疗中心、体育场馆、音乐厅、主题公园、酒店、汽车旅馆和电影院等，从某种意义上来讲它们都是进行业余活动的场所。

在过去的一个世纪里，这些建筑得到了显著的发展。它们的变化源于特定领域内新哲学与技术的发展，如健康水疗中心从铺设瓷砖的浴室变成了全方位治疗中心，足球场相比于20世纪30年代的"梯田式"看台设计了座椅。

它们的改变也随着当时的建筑理念而变化。曾经，几乎英国的每个城镇都拥有维多利亚式的室内游泳池，游泳池周围是华丽的砖砌外墙和锻铁阳台的更衣室，

而现在它们被高科技的运动设施取代了。这些运动设施能满足大量的活动需求，包括游泳、攀岩、篮球和五人制足球。这些变化融合了现代主义和功能设计的理念。

电影院也是绝佳的例子，展示了 20 世纪的建筑类型如何变化。在 20 世纪 30 年代和 20 世纪 40 年代，电影院通常会沿用剧院的设计，一座醒目的建筑物加上巨大的屏幕和马蹄形的座椅布局。而到了 20 世纪 90 年代，流行多厅的电影院，在仓库式的棚屋里放置了数十个屏幕。这些新电影院中的大多数都没有经过建筑设计，它们的宗旨是廉价和快乐，不过像一些特定的休闲场所，比如酒店，已经将建筑本身作为一种吸引住客的方式了。因此，现在产生了"精品酒店热"的现象，它们由世界知名的建筑师和设计师进行设计。

"凯旋弧"

特内里费礼堂（Auditoriode Tenerife）由圣地亚哥·卡拉特拉瓦（Santiago Calatrava）设计，建于 2003 年。它的表现主义设计十分独特，巨大的拱跨过观众席上方，是采用两点支撑的形式中跨度最大的。

建筑原型

新文艺复兴酒店

位于纽约曼哈顿的广场酒店（Plaza Hotel）的建筑风格被称为法国文艺复兴风格。不过直到 1907 年（在文艺复兴之后的三百多年），它才被建成，这使得这座建筑坚定地处于复兴风格。古典比例和华丽的山墙让这座建筑令人惊叹。

接下来我们所谈论的休闲建筑是一个非常多样化的领域，有时很难将这类建筑一一比较。不过，尽管它们的用途广泛、各有不同，仍然可以通过它们的建筑风格来进行分类，无论是什么功能，它们的设计特征都与风格一致。

也就是说，不同的建筑类型让它们以不同的方式来适应自己的风格。比如说，设计一座新文艺复兴风格的酒店比设计同风格的足球场更容易；而且出于时代因素，露天游泳池倾向于使用装饰艺术风格而不是未来现代风格。这种通过年代来区分建筑类型的方式非常吸引人，不过只能在少数情况下使用。

布扎体系酒店

美居酒店（Hotel Mercure，1890 年）位于法国里昂，是 19 世纪布扎体系建筑的典范。三个阳台和三个两侧是古典立柱的拱形窗户，让人的目光向上汇聚到最高处的拱形山花上。

装饰艺术风格体育馆

马来西亚精武体育馆（Chin Woo Stadium，1953 年）的钟楼和方形钟与椭圆形的建筑形成了鲜明的对比，但与整齐的浅框窗户相得益彰。包括入口上方的顶棚和钟楼平屋顶在内的这些框架，它们的图案表明了其是以装饰艺术为主题的设计。

早期现代主义酒店

艾斯酒店（Ace Hotel，1952 年）位于加利福尼亚州棕榈泉市，它有低矮的结构、白色的墙壁和室外走廊，是典型美式风格的早期现代主义建筑。它与周围广阔的环境完美地融合，不需要任何附加物来让建筑体量变得完整。

国际风格剧院

加拿大温哥华的伊丽莎白女王剧院（Queen Elizabeth Theatre）于 1959 年对外开放，它看起来更像是一座办公楼而不是娱乐场所。它不具备之前任何一所剧院的华丽，而是采用了大片的玻璃，这使得它真正成为国际风格的建筑。

解构主义电影院

德国德累斯顿的 UFA 水晶宫电影院（UFA Kristallpalast Cinema, 1997—1998 年）的入口以不可思议的角度倾斜着，这是这座复杂的电影院元素之一，它通过使用不同的材料将建筑分成几块。这座建筑由库柏·西梅布芬事务所（Coop Himmel Blau）设计，是一个了不起的解构主义建筑。

随着人们生活的变化和社会向着休闲化发展，我们享受空闲时光的场所也发生了翻天覆地的变化。随着越来越多人员的涌入，像是电影院和音乐厅之类的场所需要增大它们的吸引力，融入更多的元素（比如食品零售店）。同样，随着全球体育赛事的增加，体育场馆也具有了新的重要意义。过去的体育场馆仅仅是围绕着球场或赛道的简易混凝土看台，而现在它们已经成为某一团队或赛事的标志性符号。

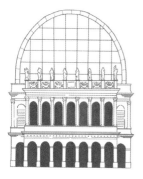

融合派剧院

　　法国里昂的努维尔歌剧院（Opera Nouvel）以建筑师让·努维尔（Jean Nouvel）的名字命名，他利用1893年建立的建筑外壳，于1985—1993年重建了这座歌剧院。努维尔保留了歌剧院的古典外表，但增加了地下空间，通过钢铁和玻璃筒形拱来满足20世纪歌剧院的需求。

后现代主义健身中心

　　彼得·海明威健身休闲中心（Peter Hemingway Fitness and Leisure Centre，1968—1970年），位于加拿大埃德蒙顿，由同名建筑师设计，它连续曲折的屋脊线更像是一个帐篷而非建筑。这个对现代建筑进行俏皮而时尚的设计，得到了许多后现代主义建筑师们的赞誉。

现代主义体育馆

　　位于意大利的罗马小体育宫（Palazettodello Sport）由阿尼巴尔·维泰洛奇（Annibale Vitellozzi）设计，用作1960年奥运会的篮球馆。它采用了混凝土肋架外壳，这种建造形式深受现代主义建筑师们的青睐。

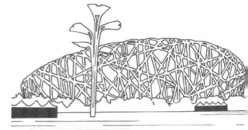

未来现代主义体育馆

　　被称为"鸟巢"的中国北京国家体育馆是中国2008年奥运会的核心场馆，由瑞士团队赫尔佐格和德梅隆建筑事务所（Herzog &de Meuron）设计。这座体育场采用了钢筋混凝土结构，外表包裹着"随机"的钢结构。

材料与构造

贵金属

西班牙的瑞格尔侯爵酒店（Hotel Marqués de Risqual，2006年）在阳光下闪闪发光，这座建筑是弗兰克·盖里（Frank Gehry）对里奥哈葡萄酒（Rioja）的颂歌。根据建筑师的说法，用于装饰建筑物的反射出粉红色的波浪形钛金属暗指红色葡萄酒，银色的金属薄片像装饰酒瓶的丝带，覆盖着软木塞色的墙体和金色的窗。

为了引起轰动和注意，休闲建筑在使用新的或不寻常的材料和结构上总是处于前沿。在现代，混凝土是第一种"新"材料，并且与20世纪30年代之后的建筑思想产生共鸣。不过从那时起，许多新的材料和技术让建筑师们更进一步打破人们在想象建筑材料和建造方法时的传统想法。塑料和织物开始被使用，充气式建筑也开始出现，而且毫不夸张地讲，无论是酒店、体育馆还是公共场所，对于休闲领域的设计已经成为一种竞争，看谁能设计出最夺人眼球的建筑。

有趣的织物

这个环形壳体位于美国纽约市的一个公园里，采用了简洁而巧妙的细长金属框架，其上拉伸着有弹性的白色织物。它呈现出轻盈的质感，实质上也是轻飘飘的，但是可以为公园的夏季表演遮挡风雨。

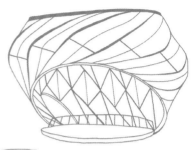

混凝土冰壶球馆

位于加拿大唐米尔斯的唐米尔斯冰壶球馆（Don Mills Curling Rink）于 1960 年对外开放，它采用了木结构框架，上面则覆盖了独特的花瓣状弧形混凝土。该建筑由道格拉斯·M·霍尔（Douglas M. Hall）设计，对于唐米尔斯这座卫星城来讲是至高无上的光荣。

充气式建筑

位于德国慕尼黑的安联球场（Allianz Arena，2002—2005 年）是一个包裹着充气氟塑膜（ETFE）气囊的足球场。由于每个"枕头"内安装有 LED 灯阵，足球场的整个外观能够变化颜色。这座建筑由赫尔佐格和德梅隆事务所（Herzog &de Meuron）设计。

铝制坡道

挪威的霍尔门考伦滑雪跳台（Holmenkollen Ski Jump, 2008—2010年）由 JDS 建筑事务所（JDS Architects）设计。它的钢框架结构向上升高至 58 米，结构外是铝制挡风屏和玻璃，让观众和参赛选手能舒适地观看比赛和参赛。

每种材料和结构技术都有机会创造出一个新的地标，一个具有独特特征或外观的建筑。混凝土的工业美学不是现代建筑师们的唯一想要实现的建筑外观，而且随着时间的推移，现代建筑师们开始融合各种不同材料的使用，比如传统材料（木材）和新材料（铝）。这个滑雪跳台看上去无疑是工业风格，但是抛开形式究其根本则纯粹是钢和铝材。设计师们采用坚固耐用的材料并让它们变得非常漂亮，在比赛期间作为运动场馆，其余时间作为公共观景平台。

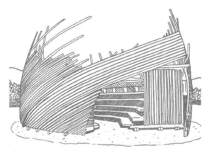

木制奇观

位于加拿大布雷顿角的小圆环剧院（Theatre du Petit Cercle，2004年）采用了古老的造船方法建造，由理查德·克罗克（Richard Kroeker）设计。这座建筑弯曲的木墙并不是实心的，让风能够通过它们。

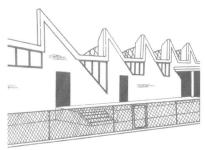

大胆的砖石

菲奥建筑事务所（Phooey Architects）在澳大利亚墨尔本设计了坦普尔斯托维体育馆（Templestowe Reserve Sporting Pavilion，2009年），供当地的足球队和板球队使用。这座红砖建筑三角形的屋顶隐藏了太阳能板，看起来非常坚固同时令人兴奋。

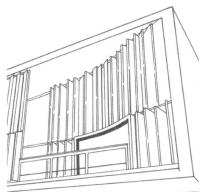

阳光爱好者

遮阳板是一种带状固体材料，用于偏转射入建筑内部的太阳光。这个位于巴西贝洛哈里桑塔的游艇俱乐部（1940—1942年）由奥斯卡·尼迈耶（Oscar Niemeyer）设计，它融合了早期现代主义的简洁设计，主要采用了混凝土。

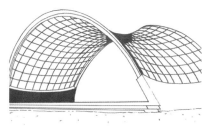

华丽的玻璃

建筑师詹姆斯·卡朋特（James Carpenter）为明尼苏达州圣保罗的舒伯特俱乐部（Schubert Club）设计了这个环形壳体（bandshell，2002年），双曲线形的玻璃和铁木结构精致又坚固，足以承受来自临近河流的春季洪水。

特色建筑——海布里球场

欢迎致敬

在华丽的装饰艺术风格的主入口上方高高雕画着一架大炮，它的几何学设计是关键所在，每个角度都采用了突出的阶梯线和浮雕来进行强调，甚至连灯光照明都与它的设计一致。

位于英国的海布里球场（Highbury Stadium）建于 20 世纪 30 年代，是阿森纳足球俱乐部的主场。在这家俱乐部将主场首次搬到伦敦北部后约 20 年进行了一次重建，球场的东看台就是该项目的一部分。新看台取代了原有的不太令人兴奋的横跨球场东侧的平台，成为该时期装饰艺术建筑应用于体育场馆的典范。框架式的窗户让这座建筑看起来更像办公楼而非足球场，窗户周围呈现几何形向内的凹退，还使用了与古典柱式、拱券相同的细节装饰，不过它们都与这种"新"风格相契合。

这座球场后来被划为住房计划重建了，不过东看台保留了下来（当然是作为公寓），赫然耸立在周围的两层小楼之中。

过去的窗口

这座球场有些元素能够保留至今出于它们的设计美感，比如看台侧面的玻璃窗。这些采用了装饰艺术理念的窗户设计精美，重建者在建造公寓时保留了它们。

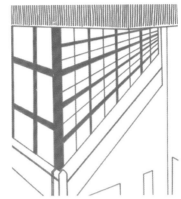

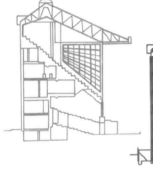

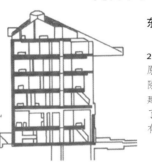

东看台

由于这个足球俱乐部在2006年搬到了更大的场馆，原有的体育场几乎被完全拆除了。不过东看台出于它在建筑学上的重要意义被保留了下来，同样留存下来的还有球场。

俱乐部徽章

东看台两侧和正面风格化的大炮标志是该足球俱乐部的标志。这个标志非常漂亮，十分吸引人，它简洁明了的设计和环绕大炮的放射性线条集合了装饰艺术的所有特征。

门和窗

现代百叶窗

位于法国波尔多的圣詹姆斯酒店（Hotel Le Saint-James）由让·努维尔（Jean Nouvel）设计，建于1989年。素净的混凝土墙上覆盖着金属网格，每个窗口都有简易的提拉式百叶窗。设计的简洁就是它的美，这是现代主义在这所历史悠久的葡萄园中取得的胜利。

休闲建筑的每个子类建筑都倾向于采用不同的门窗设计。比如，公共体育场的门窗需要更实用，它的入口设计得大而简单，窗户仅仅是为了采光和通风。酒店则更注重奢华的感受和场所的营造，所以它的门是通向梦幻的入口；而玻璃部分看起来像通往另一世界的窗户，或是被设计成娱乐用途的建筑装饰物。

客户不同的需求、公众对于不同用途的建筑外观的固有印象给了现代建筑师们一个挑战，为了克服这些困难，建筑师们必须设计出各种形式和规模的非凡建筑。

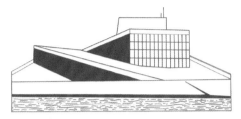

位于美国印第安纳波利斯的布什体育馆（Bush Stadium）于 1931 年对外开放，曾经举办过棒球、足球和赛车比赛。其装饰艺术风格的入口见证了无数场比赛的胜利和失败，不过现在这座建筑已经变成了公寓楼。

冰川玻璃

位于挪威的奥斯陆歌剧院（Oslo Opera House，2007 年）从海滨升起，建筑物的各种角度与倾斜让它看起来像是一片冰川。它主要的玻璃幕墙是这座建筑少数几个垂直面之一，与背景的白色岩石形成鲜明的对比，使这座建筑独树一帜。

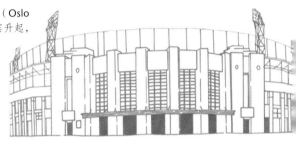

后现代巨物

爱荷华州的金尼克体育场（Kinnick Stadium）主入口的立面（翻新于 1990 年）结合了砖、复合面板与玻璃。它的形式呈现了装饰艺术理念的后现代风格，材料的层次、窗户的风格和整体的庄严壮丽使人产生了戏剧性的视觉效果。

电影红

这个临时的、未来主义的入口属于意大利威尼斯的一个剧院，是为了这座城市一年一度的电影节而设计的。这个一体化的入口棱角分明，用它的规模和形式为即将参映的电影营造出戏剧性的场景。

意式东方

位于美国波特兰的东方剧院（Oriental Theatre，1927 年）是个略显古怪的建筑，它的名字暗示了亚洲风格但建筑本身完全是意大利新文艺复兴风格。与背景中精心装饰的砖砌物和鳞次栉比的罗马拱门相比，它的引导标识线十分笨拙。

尽管现代主义者统治了 20 世纪，但在此期间仍然有许多受传统教育的建筑师们关注古典风格，最近一些后现代主义者们尤其如此。古典风格呈现出了被精心装饰的入口和窗户，许多剧院和酒店至今仍然在使用。

不过，随着科技发展和材料的进步，建筑试验也在不断进行。对于每一座建于 20 世纪初的文艺复兴风格或布扎体系风格的建筑来讲，早期现代主义风格的建筑都是在它们之后建造的。潮流正在转变，这一点反映在新建筑的门窗设计中。

休闲建筑和其他领域一样顺应着大趋势，很快流行的风格变成了薄框架、大窗户和透明的开口。这种风格一直沿用至今。

建筑意象

这种波浪形的顶棚是休闲中心和游泳池中常见的装饰形式。它属于后现代主义风格，让人们联想起与水相关的运动，一眼就能看出建筑的用途。

极简主义宣言

这个生锈的钢衬里设有一个简易的双开门，唯一的装饰是门把手的形状，这是最好的极简主义装饰之一。入口非常醒目，没有对外透露任何有关内部的信息。

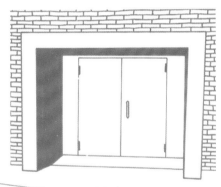

移动窗墙

位于美国印第安纳波利斯的卢卡斯石油体育场（The Lucas Oil Stadium，2008 年）的正面是一面玻璃墙，能够通过机械进行伸缩为建筑形成一个巨大的开口。随着建筑的进步，工程技术也同样在进步。

特色建筑——趣伏里音乐厅

击鼓

趣伏里音乐厅新建的入口与原有建筑通过形式进行了区分，通过装饰带将玻璃幕墙与现有的建筑连接，这样的形式与 20 世纪 50 年代的立面图案十分相似。

2004 年，3XN 建筑公司（architectural firm 3XN）受委托翻新并扩建可容纳 1660 人的音乐厅，趣伏里音乐厅（Tivoli Concert Hall）位于哥本哈根趣伏里游乐园内。原建筑由费里兹·施莱格尔（Frits Schlegel）和汉斯·汉森（Hans Hansen）设计，开放于 1956 年。它的国际风格之中还加入了一些趣味设计，以与周围游乐园的环境相适应。

翻新团队修复了许多原有建筑，不过也新增了一个入口大厅，它的造型像是透明的圆柱形鼓。这座建筑设有入口、休息区和中场咖啡厅，占地面积 700 平方米。为了在已有的丹麦重要地标上再附加一个标志物，3XN 将矩形的音乐厅和圆柱形的入口建筑并置在了一起。

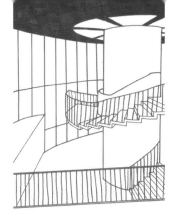

螺旋式的野心

螺旋楼梯是这座新入口建筑的核心特征。建筑师们常常将楼梯作为一种宣言，想想那些古典主义建筑中行行排列的楼梯。

玻璃游戏

入口建筑的玻璃幕墙前设有垂直的缎带。虽然它们扭曲的形状很像纸质缎带，但实际上它们是金属的，并且同时作为装饰和夏季遮阳使用。

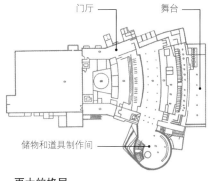

门厅　　　　　　　　舞台

储物和道具制作间

更大的格局

这座入口建筑只是音乐厅很小的一部分。平面图右上方通向主会堂，中间部分是舞台，最下方的大空间用于储物和制作道具。

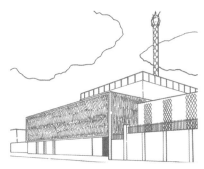

新旧建筑

音乐厅进行了翻新之后，它的新外观与入口建筑的金属缎带相得益彰。不过由于立面和建筑形式的规模，它的效果不那么具有戏剧性。

装饰

疯狂的颜色

虽然葡萄牙的阿威罗体育场（Aveiro Stadium, 2004 年）与其他同类型的建筑造型相似，但多彩的后现代主义外观使它成为标志性建筑。它由托马斯·卡维拉（Tomás Taveira）设计，内部也和外观一样多彩，座椅是五彩缤纷的。

在休闲建筑设计中有许多建筑都被视为地标性建筑，正在繁荣发展。正如我们讨论过的，对于现代的建筑师们来讲，装饰不是那么重要：它在 20 世纪初期被使用，随着不断扩张的古典风格占据了主导地位；而后在装饰艺术和新艺术运动之后的很长时间被搁置。尽管如此，无论建筑风格怎样，休闲建筑都能够激发装饰的灵感。现代设计师们通过各种手段让他们的建筑引人注目，从颜色形式到雕刻元素（尽管与主题不符，但有时会包括一些向过去致敬的元素）。

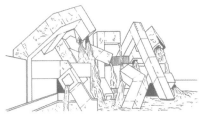

建筑雕塑

　　这座喷泉位于美国的一个公园内，它巨大的体量可以媲美建筑，但实际上只是一个雕塑。不过这也向人们展示了艺术和设计是如何相互交融来为人们的日常生活创造出有趣而鼓舞人心的建筑小品。

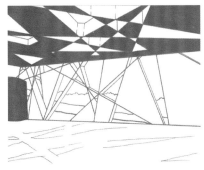

几何艺术

　　这座位于伦敦肯辛顿花园的展厅属于2002年蛇形画廊夏季的临时展馆，由伊东丰雄（ToyoIto）和塞西尔·巴尔蒙德（Cecil Balmond）共同设计。它的设计来源于立方体旋转时的算法，虚实相间的外观创造了展厅的开口和墙体。

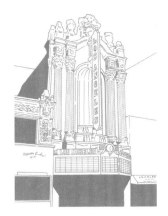

布扎体系信徒

　　位于美国洛杉矶的洛杉矶剧院（Los Angeles Theatre）装饰有带凹槽的矩形壁柱、拱券和石瓮，这些都标志着学院派风格的设计。这座建筑是学院派中精彩华丽的典型，它开放于1931年，由查尔斯·李（Charles Lee）和蒂尔登·诺顿（Tilden Norton）设计。

玛雅体育场

　　位于加利福尼亚大学的爱德华兹田径场（Edwards Track Stadium）的不同寻常之处在于，它采用了受到玛雅建筑影响的装饰艺术风格的装饰物。这座体育场由华伦·C·佩里（Warren C. Perry）和乔治·W·凯勒姆（George W. Kelham）设计，开放于1932年。

译后记

比起专业学术文献，本书更像建筑类科普读物，适合非专业的建筑爱好者与刚入门的学生来阅读。话虽如此，我们也在翻译过程中学到不少知识。

首先需要说明，我们为什么要翻译并推荐这本书。国内中文版建筑科普类书籍并不少，但介绍的多是 20 世纪初到 20 世纪 60 年代前的经典设计。本书加入了大量 20 世纪 60 年代后的建筑案例，有助于大家快速地浏览整个 20 世纪至今的优秀建筑设计。

其次，我们均不是职业翻译，而是建筑与城乡规划专业出身，想简单说说翻译的感想。从前上学的时候读一些翻译成中文的专业书，大多时候略感乏善可陈：如果译者没有建筑专业背景，往往对业内一些约定俗成的名词把握得欠佳；而建筑专业出身的译者，做翻译有时有应付提交成果的嫌疑，翻译出来的中文常常难以理解——我们刚开始翻译的时候就曾被这些书籍弄得相当苦恼。所以我们想用一种非功利的心态来试试看可以做成什么样子。然而凡事表面容易，只有自己试过以后方知艰难。本书作者的母语疑似非英语，本身用词与语序有些许不流畅；同时我们试图翻译得更接地气一些，让文字更具可读性，但又不破坏原文的学术气息——这真将人陷入了两难的境地！

初次尝试这样的翻译，诚惶诚恐，一定有许多不足和谬误，还请各位读者斧正。当然，我们也真诚感谢机械工业出版社的领导与编辑对此系列图书的支持，以及对我们的信任与肯定。希望本系列图书早日出版跟国内读者见面。

害怕自己翻译得不好的译者们
于大观工作室